普通高等教育规划教材

Photoshop
CS5 图形图像
处理教程

⊙ 黄敏盛　主　编
⊙ 杨　敏　副主编

附光盘

化学工业出版社
·北京·

本书是一本讲解视觉艺术设计与创意设计的教材，读者通过该教材大量优秀的平面作品案例的引导，将以循序渐进的方式，学习Photoshop的主要知识点，并能快速掌握Photoshop的基本知识和基本操作技能。全书共分12章，主要阐述了Photoshop CS5的基础知识，选区的菜单命令和工具的操作，工具箱的使用，编辑图像的命令和工具，图层及蒙版的基本操作，图像调整命令，路径的创建与编辑，通道，编辑文字，滤镜，动作以及图像制作流程案例。

　　本书适合高等院校、成人高等院校的视觉传达、数字艺术设计、建筑装饰专业教学使用，也可供从事广告设计、平面设计、电脑培训班和自学者使用。

图书在版编目（CIP）数据

　　Photoshop CS5图形图像处理教程/黄敏盛主编． —北京：
化学工业出版社，2012.8（2017.1重印）
　　普通高等教育规划教材
　　ISBN 978-7-122-14978-7

　　Ⅰ．①P… Ⅱ．①黄… Ⅲ．①图像处理软件-教材
Ⅳ．①TP391.41

　　中国版本图书馆CIP数据核字（2012）第171892号

责任编辑：李仙华　王文峡　　　　　　　　装帧设计：史利平
责任校对：陈　静

出版发行：化学工业出版社（北京市东城区青年湖南街13号　邮政编码100011）
印　　装：北京画中画印刷有限公司
787mm×1092mm　1/16　印张13$\frac{1}{2}$　字数364千字　　2017年1月北京第1版第3次印刷

购书咨询：010-64518888（传真：010-64519686）　　售后服务：010-64518899
网　　址：http://www.cip.com.cn
凡购买本书，如有缺损质量问题，本社销售中心负责调换。

定　　价：49.00元

前言 FOREWORD

Photoshop CS5 是目前一款功能强大、优秀的图像处理软件，在数码影像处理、图像编辑合成、平面设计、封面设计、网页设计、三维设计诸多领域被广泛应用。随着电脑的普及，Photoshop 拥有了大量的用户，除专业设计人员外，广大的非专业用户也被 Photoshop 强大的功能征服，此软件也成为图像处理的首选软件。

由于此软件是一种实践性和艺术性很强的软件，所以本书在讲解 Photoshop CS5 基本知识的同时穿插了大量优秀的平面作品案例，以循序渐进的教学方式，涵盖 Photoshop 的主要知识点，使其能快速掌握 Photoshop 的基本知识和基本操作技能。本书的主要特点如下。

（1）重点突出、目标明确，所有案例都附有素材、源文件和效果文件，便于教学。

（2）教材内容具有"全而新"的特点，突出教学内容和课程体系的改革，既通俗易懂，又简明实用。

（3）本教材注重归纳共性和总结规律，以理解和掌握技术原理取代对具体功能的介绍，化"多而繁"为"少而精"，提高学习兴趣，激发创新思维。

（4）把教学延伸到课堂教学和课外提高这两个环节，每一章节都有知识点、课堂同步实践、课后练习拓展课外实践，逐步提高图像处理能力，培养职业技能的作用。

本书由黄敏盛担任主编、杨敏担任副主编，具体编写分工如下：第1章和第3章由太原理工大学阳泉学院王秀兰编写，第2章、第8章和第10章由太原理工大学阳泉学院黄敏盛编写，第4章部分内容和第5章由太原理工大学阳泉学院王轩力编写，第6章和第7章由太原理工大学阳泉学院杨敏编写，第9章和第12章由太原理工大学阳泉学院王钢编写，第4章部分内容和第11章由长治学院王立源编写，全书由黄敏盛负责统稿。

本书适合高等院校、成人高等院校的视觉传达、数字艺术设计、建筑装饰专业教学使用，也可供从事广告设计、平面设计、电脑培训班和自学者使用。

限于水平与时间，本书难免存在不如人意之处，希望各位读者指正。

编　者

2012年6月

Ps

目录 CONTENTS

11 动作

12 图像制作流程案例

参考文献

1 Photoshop的基础知识

【导语】本章主要介绍Photoshop的基础知识，包括Photoshop的工作主界面（工具箱、控制面板和状态栏），Photoshop的基本操作（打开、存储图像文件），以及位图、矢量图、分辨率、色彩、色彩模式等的概念，需了解和掌握这些知识，为后面的学习打下基础。

知识目标

- 了解Photoshop的主界面
- 理解位图、矢量图、分辨率、色彩、色彩模式等的概念
- 掌握Photoshop的基本操作

能力目标

- 能解释位图、矢量图、分辨率、色彩、色彩模式等的概念
- 能应用Photoshop的界面
- 能掌握Photoshop的基本操作

 案例导入

案例描述

　　根据本章节具体的教学目标和内容，引入案例，引导学习者参与分析、积极思考，并通过实际的操作，加强学习者对Photoshop的工作主界面和基本操作的理解。例如，选择菜单栏中的"文件"→"新建"命令或者按【Ctrl】+【N】快捷键，出现"新建"对话框。如图1-1所示，把图中的参数设计好，单击"确定"按钮，就可以建立新文件。

案例评析

　　通过案例教学，使其对知识点一目了然，

图1-1 "新建"对话框

并在掌握基础知识的同时提高实际操作能力和问题解决能力，能够对图像进行打开、新建、保存等熟练操作。

1.1 Photoshop 的主界面

1.1.1 工具箱

Photoshop 的工具箱就好像魔法师的百宝箱，每一个工具都有许多奇妙的功能。将光标移至工具箱中某个工具上时，会显示缺省工具的名称和选用该工具的快捷键名。使用 Photoshop 工具箱中的各种工具可以创建选区、绘图、取样、编辑、移动、注释和查看图像等，还可以在工具箱中对其前景色和背景色进行更改，其用法将在后面的学习中详细介绍。

工具箱的默认位置位于界面的左侧，包含各种图形绘制和图像处理工具。当将鼠标光标放置在工具箱上方的蓝色区域内，按下鼠标左键并拖曳即可移动工具箱的位置。将鼠标光标移动到工具箱中的任一按钮上，该按钮将凸出显示，如果在工具按钮上停留一段时间，鼠标光标的右下角会显示该工具的名称。单击任一工具按钮可将其选择。另外，绝大多数工具按钮的右下角带有黑色的小三角形，表示该工具还隐藏有其他同类工具，将鼠标光标放置在这样的按钮上按下鼠标左键不放或单击鼠标右键，即可将隐藏的工具显示出来。如果想速度快一点，在图标上单击鼠标右键也可以。按住【Alt】键单击工具箱，可以循环切换同组工具。将鼠标光标移动到弹出工具组中的任一工具上单击，可将该工具选择。工具箱以及隐藏的工具按钮如图1-2所示。图1-2所列为工具箱中的全部工具。

1.1.2 控制面板

控制面板在 Photoshop 的图像处理中起着非常重要的作用，在几乎所有 Photoshop 图像处理中，都离不开控制面板中的图层控制面板、通道控制面板和路径控制面板以及历史记录面板。

控制面板可以在 Photoshop 的"窗口"菜单中可以打开和关闭，如果前面有对勾表示这个面板处于打开状态，没有对勾表示面板关闭或者隐藏，如图1-3所示。

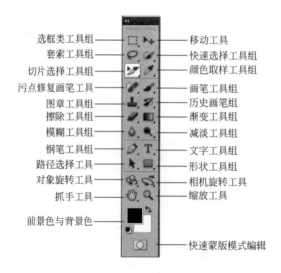

图1-2　Photoshop CS5工具箱

图1-3　窗口菜单

控制面板可以通过上下或者左右组合在一起形成面板组。要形成上下组合的面板组，可以单击某控制面板将其拖到另一控制面板的下方，待其出现黑线，释放左键即可。要形成左右组合的面板组，只要将其中一控制面板拖到另一控制面板的左面或者右面，待面板标签在同一直线释放左键即可。如图1-4所示。

1.1.3 状态栏

状态栏的功能比较简单，可能会被初学者忽略，在但实际操作中状态栏非常重要，在状态栏里可以显示当前打开图像的文件信息，当前操作工具的信息，各种操作提示信息等。

单击状态栏底部中间的黑色三角按钮，就可以弹出菜单，在"显示"子菜单中，选择不同的选项，就可以在状态栏中显示相关信息。如图1-5所示为打开第1章素材1.1素材1时状态栏显示的内容。

图1-4　面板组

图1-5　状态栏显示内容

1.2　Photoshop的基本操作

1.2.1　新建打开置入图像文件

1.2.1.1　新建文件

要在Photoshop中新建文件，可以选择菜单栏中的"文件"→"新建"命令或者按【Ctrl】+【N】快捷键，出现"新建"对话框。如图1-6所示。在"新建"对话框中对所建文件进行各种设定：在"名称"文本框中输入图像名称；在"预置"复选栏后面的下拉菜单中可选择一些内定的图像尺寸，也可在"宽度"和"高度"复选栏后面的文本框中输入自定的尺寸，在文本框后面的弹出菜单中还可选择不同的度量单位；"分辨率"的单位习惯上采用像素/英寸，如果制作的图像是用于印刷，需设定300像素/英寸的分辨率；在"模式"后面的下拉菜单中可设定图像的色彩模式；"图像大

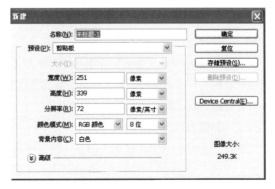

图1-6　"新建"对话框

小"后面显示的是当前文件的大小，数据将随着宽度、高度、分辨率的数值及模式的改变而改变。另外，按住【Ctrl】键双击Photoshop的空白处，可以直接打开"新建"命令对话框。

"背景内容"中的3个选项用来设定新文件的颜色，包括"白色"、"背景色"和"透明"。在"高级"复选区中，可选取色彩配置文件，或选取"不要对此文档进行色彩管理"。对于"像素纵横比"除非使用用于视频的图像，否则选取"正方形"。在此情况下，选取另一个选项即可使用非正方形像素。

1.2.1.2 打开文件

处理Photoshop图形图像的时候，如果需要按原有格式打开一个已经存在的Photoshop文件，可以选择"文件"→"打开"命令（快捷键为【Ctrl】+【O】），弹出打开文件对话框，文件名是目标文件，文件类型是Photoshop能打开的文件类型，可以选择。如图1-7所示。

按住【Ctrl】键可以选定多个文件打开，按住【Shift】键可以选定多个连续文件打开。

1.2.1.3 置入文件

使用"文件"→"置入"命令可以将EPS和PDF等格式的图像导入到Photoshop中的当前图像上。

使用置入命令之前，必须首先打开一幅图像，然后执行"文件"→"置入"命令，选择好一幅图像后就置入到了原来的图像中。Photoshop目前支持置入的图像格式有AI、EPS、PDF和PDP四种。导入之后，Photoshop会在当前图像窗口中显示一个带有对角线的矩形来表示置入图像的大小和位置或者显示草稿图，如图1-8所示为置入第1章素材1.2素材1时显示的图像。通过矩形边框可以调整图像的大小。

图1-7 "打开"对话框

图1-8 置入文件显示图像

1.2.2 存储图像文件

1.2.2.1 存储

选择"文件"→"存储"命令（快捷键为【Ctrl】+【S】）就可以保存当前图像文件。该命令将会把编辑过的文件以原路径、原文件名、原文件格式存入磁盘中，并覆盖原始的文件。用户在使用存储命令时要特别小心，否则可能会丢掉原文件。

1.2.2.2 存储为

选择"文件"→"存储为"命令（快捷键为【Shift】+【Ctrl】+【S】）即可打开如图1-9所示的对话框。在该对话框中，可以将修改过的文件重新命名、改变路径、改换格式，然后再保存，这样不会覆盖原始文件。

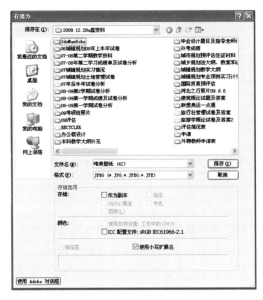

图1-9 "存储"对话框

1.2.2.3 存储为Web所用格式

选择"文件"→"存储为Web所用格式"命令（快捷键为【Alt】+【Shift】+【Ctrl】+【S】），可以通过对选项的设置优化网页图像，将图像保存为适合于网页上用的格式。

1.2.3 图像的分辨率

在Photoshop中，图像分辨率和像素尺寸是相互依存的。图像分辨率是每英寸（1英寸＝0.0254m）中所包含的像素数目。分辨率越高，每英寸所包含的像素越多，图像细节就越丰富，颜色过度越平滑。

分辨率既可以指图像为文件包括的细节和信息量，也可以指输入、输出或者显示设备能够产生的清晰度等级，它是一个综合性的术语。在处理位图时，分辨率同时影响最终输出的文件质量、大小。常见的分辨率有以下几种类型。

（1）显示器分辨率　是指显示器上每单位长度显示的像素或点的数目，常以点/英寸（DPI）为单位来表示。如：72DPI表示显示器的典型分辨率约是72个像素或点。分PC显示器的典型分辨率约是96DPI，苹果机显示器的典型分辨率约是72DPI。当图像分辨率高于显示器的分辨率时，图像在显示器屏幕上显示的尺寸会比指定的打印尺寸大，这就是为什么通常看见一幅图像在屏幕上显示的尺寸效果比打印机输出时的图像尺寸要大的原因。

（2）图像分辨率　指图像中每单位长度所包含的旬素或点的数目，常以像素/英寸（PPI）为单位来表示。如：72PPI表示图像中每英寸包含72个像素或点。分辨率越高，图像将越清晰，图像文件所需的磁盘空间也越大，编辑和处理所需的时间也越长。

（3）输出分辨率　输出分辨率又叫打印分辨率，指绘图仪、照排机或激光打印机等输出设备在输出图像时每英寸所产生的油墨点数。若使用与打印机输出分辨率成正比的图像分辨率，就能产生较好的输出效果。

1.2.4 位图与矢量图

静态数字图像一般可以分成矢量图像和位图图像两种类型。每幅计算机图像都具有不同的数值性质，如矢量图适合于技术插图，但聚焦和灯光的质量很难在一幅矢量图像中获得；而位图图像则更能给人一种照片似的感觉，其灯光、透明度和深度的质量等都能很逼真地表现出来。

1.2.4.1 位图

位图也称为点阵图或像素图，是由一系列像素组成的可识别的图像，计算机屏幕上的图像是由屏幕上的发光点（即像素）构成的，每个点用二进制数据来描述其颜色与亮度等信息，这些点是离散的，类似于矩阵。多个像素的色彩组合就形成了图像，称为位图。

位图在放大到一定的限度时会发现它是由一个个小方格组成的，这些小方格被称作像素点，一个像素是图像中最小的图像元素。因此处理位图图像时，我们所编辑的是像素而不是对象或形状，位图图像的大小和质量取决于图像中像素点的多少，每平方英寸中所含像素越多，图像越清晰，颜色之间的混合也越平滑。

1.2.4.2 矢量图

矢量图也称为向量图，是由一些用数学方式描述的曲线组成的图形。矢量图所记录的是对象的几何形状、线条粗细和色彩等，由于其形状和文本被定义为数学方程式，因此无论被缩小还是放大，矢量图形都是平滑和清晰的。又由于生成的矢量图文件存储容量很小，特别适用于图案设计、文字设计、线条粗细和色彩等。计算机辅助设计（CAD）、工艺美术设计、插图等。

1.2.5 色彩模式

在 Photoshop 中拥有许多不同的色彩模式，常见的颜色模式包括 HSB 模式、RGB 模式、CMYK 模式、LAB 模式以及一些为特别颜色输出的模式，比如索引颜色和双色调模式。不同的颜色模式定义的颜色范围也不同。颜色模式除确定图像中能显示的颜色数之外，还影响图像的通道数和文件大小。

1.2.5.1 RGB 颜色模式

RGB 是 Photoshop 中最常用的一种颜色模式，该模式图像是用红（Red）、绿（Green）、蓝（Blue）三种色彩叠加形成的其他色彩，可叠加多达 1670 万种颜色，是编辑图像的最佳颜色模式。

1.2.5.2 CMYK 模式

它是彩色印刷时使用的一种颜色模式，由 Cyan（青）、Magenta（洋红）、Yellow（黄）和 Black（黑）四种色彩组成。为了避免和 RGB 三基色中的 Blue（蓝色）发生混淆，其中的黑色用 K 来表示。在处理图像时，一般不采用 CMYK 模式，因为这种模式文件大，会占用大量的磁盘空间和内存。通常都是在需要印刷时才转换成这种模式。

1.2.5.3 HSB 模式

在 HSB 模式中，H 表示 Hue（色相），S 表示 Saturation（饱和度），B 表示 Brightness（亮度）。饱和度表示色彩的纯度，黑、白和其他灰色色彩没有饱和度，在最大饱和度时，每一色相具有最纯的色光；亮度是色彩的明亮度，为 0 时即是黑色，最大亮度是色彩最鲜艳的状态。

1.2.5.4 LAB 模式

LAB 模式是 Photoshop 在不同颜色模式之间转换时使用的内部颜色模式。它能毫无偏差地在不同系统和平台之间进行转换。L 代表光亮度分量，范围为 0 ～ 100；A 分量表示从绿到红的光谱变化，B 表示从蓝到黄的光谱变化，两者范围都是 +120 ～ –120。

1.2.5.5 灰度模式

灰度模式也是用黑白两色来进行显示的模式。但灰度模式中的每个像素是由 8 位数据来记录的，因此能够表现出 256 种色调。灰度模式的图像可以直接转换成黑白模式的图像和 RGB 模式的彩色图像，同样，黑白模式图像和彩色模式图像也可以直接转换成灰度模式图像。灰度模式中只存在灰度，最多可达 256 级灰度，当一个彩色文件被转换为灰度模式的文件时，Photoshop 会将图像中的色相（Hue）、饱和度（Saturation）等有关色彩的信息消除掉，只留下亮度（Brightness）。

1.2.5.6 位图模式

位图模式使用的是黑白两种颜色来表示图像中的像素，"位图"模式的图像叫做黑白图像或1位图像，因为其只使用两种颜色值，即黑白两色来表现图像的轮廓，黑白之间没有过渡色。

要将一幅彩色的图像转换为"位图"模式，应选择"图像"→"模式"→"灰度"命令，将此图像转换为"灰度"模式，然后选择"图像"→"模式"→"位图"命令，打开第1章素材1.2素材2，将在弹出的如图1-10所示的对话框中设置转换模式时的分辨率及转换方式，就可以将图像转换为位图模式（如图1-11所示）。

图1-10 "位图"对话框   图1-11 位图模式

1.2.5.7 索引颜色模式

索引颜色模式又称为映射颜色。在此种模式下，只能存储一个8BIT色彩深度的文件，即图像中最多含有256种颜色，且这些颜色都是预先定义好的。一幅图像的所有颜色都在它的图像索引文件里定义，即将所有色彩存放到一个称之为颜色查找对照（CLUT）中。因此，当打开图像文件时，彩色对照表也将一同被读入Photoshop中，Photoshop将从彩色对照表中找出最终的色彩值。若原图不能用256色表现，那么Photoshop会从可用的颜色中选择最相近的颜色来模拟这些颜色。

1.2.5.8 双色调模式

双色调模式即采用两种彩色油墨来创建由双色调、三色调、四色调混合色阶来组成的图像。在此模式中，最多可向灰度图像中添加四种颜色。

1.2.5.9 多通道模式

多通道模式包含多种灰阶通道，每一通道均由256级灰阶组成。这种模式对特殊打印需求的图像非常有用。当RGB或CMYK色彩模式的文件中任何一个通道被删除时，即会变成多通道色彩模式。另外，在此模式中的彩色图像由多种专色复合而成，大多数设备不支持多通道色彩模式的图像，但存为Photoshop DC2.0格式后，就可以输出了。

1.2.6 图像的格式

在保存数字图像信息时必须选择一定的文件格式，若文件格式未选择正确，则以后读取文件时可能会产生变形。一些常见的图像文件格式有以下几种。

1.2.6.1 PSD格式

PSD图像文件格式是Photoshop软件生成的格式，是唯一能支持全部图像色彩模式的格式，以PSD

格式保存的图像可以包含图层、通道及色彩模式。具有调节层、文本层的图予以适当压缩，但图像文件仍然很大，比其他格式的图像文件占用更多的磁盘空间。

1.2.6.2　TIFF格式

TIFF（标签图像文件格式）图像文件格式是应用最为广泛的图像文件格式之一，是为色彩通道图像创建的最有用的格式，可以在许多不同的平台和应用软件间交换。该格式支持RGB、CMYK、LAB、Indexed Color、BMP、灰度等色彩模式，而且在RGB、CMYK以及灰度等模式中支持ALPHA通道的使用。

1.2.6.3　GIF格式

GIF（图形交换格式）图像文件格式是Compuserve提供的一种格式，支持BMP、Grayscale、Indexed Color等色彩模式。可以进行LZW压缩，缩短图形加载的时间，使图像文件占用较少的磁盘空间。

1.2.6.4　JPEG格式

JPEG图像文件格式实际上并不是一种格式，确切说是一种压缩算法，它主要用于图像预览及超文本文档，如HTML文件等。支持RGB、CMYK及灰度等色彩模式。使用JPEG格式保存的图像经过高倍率地压缩，可使图像文件变得较小，但会丢失掉部分不易察觉的数据，所以在印刷时不宜使用此格式。

1.2.6.5　BMP格式

BMP图像文件格式是一种标准的点阵工图像文件格式，它支持RGB、Indexed Color、灰度和位图色彩模式，但不支持ALPHA通道。该文件格式还可以支持1～32位的格式，其中对于4～8位的图像使用RLE，这种压缩方案不会损失数据。用户在Photoshop中将图像文件另存为BMP模式时，系统将弹出"BMP OPTIONS"对话框，用户可在此选择文件格式，一般选择"WINDOWS"格式，再选择"24位"深度。

1.2.6.6　PCX格式

PCX图像文件格式是由ZSOFT公司的PC Paintbrush图像软件所支持的文件格式。该格式支持RGB、Indexed Color、灰度及BMP等色彩模式，并可用RLE压缩方式进行图像文件的保存。

1.2.6.7　EPS格式

EPS图像文件格式是一种Postscript格式，是用于图形交换的最常用的格式，可用于绘图和排版。在排版软件中能以软件的分辨率预览，在打印时则以较高的分辨率输出，这是其最显著的优点。支持Photoshop中所有色彩模式，并能在BMP模式中支持透明，但不支持ALPHA通道。

1.2.6.8　PDF格式

PDF图像文件格式是MDOBE公司用于Windows/Mac OS/UNIX（R）和DOS系统的一种电子出版软件。PDF文件可以包含矢量和位图图形，还可以包含导航和电子文档查找功能。在Photoshop中将图像文件保存为PDF格式时，系统将弹出"PDF OPTIONS"对话框，在其中用户可选择压缩格式。以Photoshop PDF格式保存的文件可以是RGB、索引颜色、CMYK、灰度、位图和LAB颜色模式，不支持Alpha通道。

1.2.7　颜色的选择

Photoshop的工具箱中提供了多种绘图工具，在使用这些绘图工具之前，必须先选择一种绘图颜色，才能绘制所需的图像效果。因此，在Photoshop中，颜色的设置是绘图的关键。

1.2.7.1　利用前景色和背景色选择颜色

默认状态下，Photoshop使用前景色来绘画、填充和描边选区，使用背景色生成渐变填充或在图像已擦除的区域中填充。

前景色与背景色显示在工具箱下部,如图1-12所示。默认情况下,前景色为黑色,背景色为白色。

单击左下角的 ▣ 图标,可将前景色与背景色设置为默认的黑色与白色;单击右上角的 ↖ 图标,可以切换前景色与背景色。

1.2.7.2 使用拾色器选择颜色

要重新设置前景色与背景色,可直接在工具箱中单击前景色图标或背景色图标,此时弹出"拾色器"对话框,如图1-13所示,从中选择所需的颜色即可。

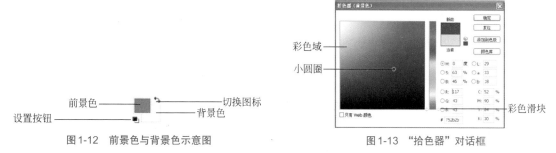

图1-12 前景色与背景色示意图　　　　　　图1-13 "拾色器"对话框

对话框左侧的彩色框称为彩色域,是用来选择颜色的,彩色域中的小圆圈是选择颜色的标志。彩色域右边的竖长条为彩色滑块,可以用来调整颜色的不同色调。在此对话框中沿彩色滑杆拖动三角形滑块或直接在颜色滑杆上单击所需的颜色区域,即可选择指定的颜色,也可在对话框右侧的4种颜色模式输入框中输入数值来设置前景色与背景色。例如,要在CMYK模式下设置颜色,只要在C、M、Y、K输入框中输入数值即可。

单击"确定"按钮,即可将所选择的颜色显示在工具箱中的前景色或背景色色标中。

1.2.7.3 使用颜色和色板调板选择颜色

颜色面板显示当前前景色和背景色的颜色值。使用颜色面板中的滑块,可以利用几种不同的颜色模式来编辑前景色和背景色。也可以从显示在面板底部的四色曲线图中的色谱中选取前景色或背景色。

选择"窗口"→"颜色"命令,打开颜色面板,如图1-14所示。在默认情况下,颜色面板以RGB色彩模式的滑条显示颜色,其中有R、G、B三个滑条。如果用户要使用其他模式的滑条选色,可在此面板右上角单击小三角按钮,弹出颜色面板菜单,从中选择所需的模式即可。

在颜色面板中单击"设置前景色"图标或"设置背景色"图标,当其周围出现双线框时,表示其前景色或背景色被选中,然后即可在颜色滑杆上拖动三角滑块来设置前景色与背景色。如果周围出现双线框时,继续单击"设置前景色"图标或"设置背景色"图标,则会弹出"拾色器"对话框。颜色条位于颜色面板的最下部,默认情况下,颜色条上显示着色谱中的所有颜色。在颜色条上单击某区域,即可选择某区域的颜色。

色板面板中存储了经常使用的颜色。可以在面板中添加或删除颜色,或者为不同的项目显示不同的颜色库。

选择"窗口"→"色板"命令,可打开"色板"对话框,如图1-15所示。在此面板中选择某一个预设

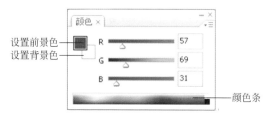

图1-14 "颜色"对话框

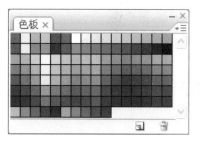

图1-15 "色板"对话框

的颜色块，即可快速改变前景色与背景色，也可以将设置的前景色与背景色添加到色板面板中或删除此面板中的颜色。

1.2.7.4　使用吸管工具来选择颜色

吸管工具可以直接在图像区域中进行颜色采样，并将色样显示在前景色色块中。单击工具箱中的"吸管工具"按钮，将鼠标指针移至图像中的任意位置单击，打开第1章素材1.2素材3，如图1-16所示，就可完成采样工作。在吸管工具属性栏中（或者在取样点单击右键）可以指定吸管工具的取样区域，如图1-17所示。

图1-16　吸管取样示意

图1-17　取样区域

"取样大小"下拉列表中提供了3种选取颜色的方式，分别介绍如下。

（1）"取样点"　选择此选项，表示取样点的范围为1个像素。

（2）"3×3平均"　选择此选项，表示取样为9个像素的色彩平均值。

（3）"5×5平均"　选择此选项，表示取样为25个像素的色彩平均值。

要使用吸管工具选择新的背景色，可按住【Alt】键的同时在图像中单击，或将鼠标指针放置在图像中，按住【Alt】键，再按住鼠标左键拖动即可。背景色色块会随着鼠标的移动而变化。

Photoshop中除了提供吸管工具外，还提供了一个可以方便查看颜色信息的工具，即颜色取样器工具。使用此工具可以定位查看图像窗口中任何位置的颜色信息，其使用方法如下。

① 在工具箱中的吸管工具上按住鼠标左键不放，可弹出吸管工具组，从中选择颜色取样器工具。

② 选择颜色取样器后，将鼠标指针移至图像窗口中单击，即可完成颜色取样，如图1-18所示，此时可自动显示出信息面板，并在该面板底部显示取样点的颜色信息。使用颜色取样器取样，取样点最多不超过4个。

图1-18　取样信息显示

③ 取样点的位置可以任意调整，将鼠标指针移至取样点上，按住鼠标左键拖动，即可完成取样点的移动。

④ 取样点可以显示或隐藏，其方法很简单，在信息面板中单击面板右侧的小三角按钮，从弹出的面板菜单中选择"颜色取样器"命令，就可以显示或隐藏取样点。

综合训练题

1. 实例演练

① 选择"文件"→"新建"命令。

② 在弹出的对话框中设置各参数,"名称"文本框中输入"我的设计之旅","预设"选择"自定","预设大小"为720×600,分辨率确定为72像素/英寸,"模式"选择为"RGB颜色","背景内容"选择"白色",如图1-19所示,单击"确定"按钮。

③ 选择"文件"→"存储"命令。在弹出的对话框中选择文件格式为"JPEG",文件名采用默认值,单击"存储"按钮。

④ 在弹出的"JPEG选项"对话框中设置"图像选项"栏中的"品质"为8,格式选项为"基线已优化",如图1-20所示,单击"确定"按钮。

图1-19 "新建"对话框

图1-20 "JPEG选项"对话框

2. 单项选择题

(1)下列哪种文件能支持Photoshop的全部特征?(　　)

A. JPEG　　　　　　　B. BMP　　　　　　　C. PSD　　　　　　　D. GIF

(2)下列关于位图模式正确的是(　　)。

A. 线条非常光滑流畅,具有优秀的缩放性能

B. 是一系列由数字公式代表的线条所构成的图形

C. 是由像素点来表达构成图像的,缩放性能差

D. 位图的文件一般都很小

(3)图像模式必须是(　　)模式,才能转换为位图模式。

A. 索引　　　　　　　B. 多通道　　　　　　C. 灰度　　　　　　　D. RGB

3. 操作题

(1)启动Photoshop,在其工作界面上认识工具箱,并将鼠标移至每一个工具图标上稍停几秒钟,将右下角弹出的提示框中每个工具的名称写出来。

(2)启动Photoshop CS,在其工作界面上认识浮动调板,并将四组调板关闭,然后再将它们打开。

(3)创建一个名为a的新文件并使其满足下列要求:

长度为30cm、宽度为20cm,分辨率为72像素/英寸,模式为RGB,8位通道,背景内容为白色。

(4)使用两种方法打开一个图像文件,并在该图像中加入文字注释:"欢迎观看"。

(5)打开一个图像文件将其模式先转换为灰度模式,再转换为位图模式。

2

选择区域

【导语】选区是Photoshop CS5中一个非常重要的功能，选区决定操作过程中特定的图像范围。就是对图像的局部进行处理时，进行创建选区的操作。具体可以用各种不同的创建工具及命令创建合适的选区，在该区域中进行各种效果的操作而对选区外的图像没有改变。

本章主要讲解了关于选区的菜单命令和工具的操作，掌握这些选区的操作知识也就掌握了Photoshop CS5处理图像的基本方法。

知识目标

- 了解选区的创建工具
- 理解选区的基本操作
- 掌握和编辑选区的方法

能力目标

- 能创建选区
- 能编辑和变换选区

图2-1　选区在构成中的应用

案例描述

选区的主要优点就是限定操作过程中的图像范围，从而得到精确的效果，选区在平面设计中的应用非常广泛，如图2-1、图2-2所示。没有选区就没有后续要操作的范围，所以选区是Photoshop CS5最基础的功能，掌握选区创建工具并熟练使用具有非常重要的作用。

案例评析

通过上述的一些选区应用的案例，可以在掌握编辑选区的技能的同时，为深入学习Photoshop CS5与其他同类型的软件铺垫理论与技能基础。下面就详细讲解选区的操作，看看是选区如何能得到精美的效果。

图2-2　选区在海报中的应用

2.1 制作规则形选区

顾名思义，选区就是选择区域。选区是 Photoshop CS5 中图像处理的一个重要的功能，主要用于限制处理图像的范围。Photoshop 大部分的操作，都是在选区内进行。如果没有选区，那么默认就会对当前的整个图像进行操作。具体来讲，选区就是通过工具或相应的命令在图像上设定选取范围，以便进行复制、移动、羽化、填充等操作。建立选区的工具有矩形选区工具、套索工具、魔棒工具等，下面将一一介绍。

2.1.1 "矩形选框"工具

"矩形选框"工具![]可以非常简单地创建选区，点选该工具后按住鼠标左键拖动到需要选择的区域，就能绘制出矩形规则选区。

点选该工具后会出现如图 2-3 所示的工具选项条，它可分为三部分：修改选择方式、羽化与样式。改变其中的选项可以更改其工作的模式，取得更加满意的选区。

图 2-3 "矩形选框"工具选项条

在 Photoshop CS5 中任何一种选择工具都有"修改选择方式"这个选项，在这里就以矩形选框工具为例来讲其用法，其他的选择工具"修改选择方式"使用与它相同。"修改选择方式"共分为四种：新选区、添加到选区、从选区中减去和相交选区。

"新选区"命令按钮![]：单击此按钮后即可在页面中创建一个新选区，它的特点是每创建下一个新选区时，后创建的选区总是替换前一个选区。

"添加到选区"命令按钮![]：单击此按钮后，可以在原有的选区上增加无数多个选区范围。如果当前页面上没有选区的情况下，单击此按钮只是创建一个新选区，再次单击才增加选区。图 2-4 所示是原选区（见第 2 章素材 2.1 素材 1），图 2-5 所示是在次模式下添加后的选区。

"从选区中减去"命令按钮![]：单击此按钮，可以在原有的选区中减去当前绘制的选区。如果当前页面上没有选区的情况下，单击此按钮只是创建一个新选区，再次单击才减去选区，如图 2-6、图 2-7 所示（见第 2 章素材 2.1 素材 2）。

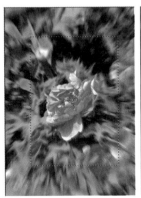
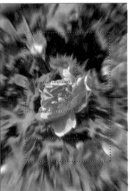

图 2-4 原选区   图 2-5 得到的新选区   图 2-6 原选区   图 2-7 得到的新选区

"相交选区"命令按钮![]：单击此按钮，将会得到新创建选区与原有选区相交（重合）选区。此模式的运算形式如图2-8、图2-9所示（见第2章素材2.1 素材3）。

"羽化"：在"羽化"数值框中输入0～250之间的数值，可以消除选区的硬边界，生成柔化效果。羽化的程度越高，矩形的直角边幅度越大。图2-10所示是"羽化"值为0时，在选区填充颜色时的效果，图2-11所示是"羽化"值为35时填充颜色时的效果。在选区中贴入图像效果与此效果相同。

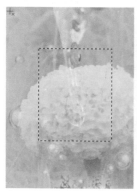   

图2-8 原选区　　　　图2-9 相交后选区　　　图2-10 "羽化"值为0的效果　图2-11 "羽化"值为35的效果

 提示

　　如果选区小而设置的"羽化"数值很大，将弹出如图2-12所示的提示框，这样就会出现看不到浮动的蚂蚁线的选区，仍然可以为选区进行填充操作。

图2-12 选区小"羽化"数值很大时的提示框

"样式"：用来设置选区绘制的形状，其中共三个列表选项。

"正常"：为默认选择方式，用这种方式可以绘制任意大小的矩形选区。

"约束长宽比"：选择了这种方式，就可以设定后面的"宽度"和"高度"数值，分别输入数值1后，可以绘制任意大小的正方形选区。

"固定大小"：在这种方式下，可以在"宽度"和"高度"数值框中输入数值，就可以确定新选区高度与宽度的固定数值。然后在图像中单击就能获得固定大小的选区。

提示

　　① 在点选"矩形选框"工具后，在页面上拖动鼠标的同时按住【Shift】键可以创建正方形选区，如图2-13所示是按【Shift】键创建的正方形选区。在页面上按住【Alt】键的同时拖动鼠标可以创建以某一点为中心的正方形选区。

　　② 要想在选区外再创建一个选区则需要按住【Shift】键后，在图像上勾画出要另外的选区即可。

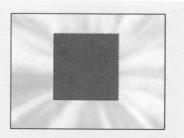

图2-13 按【Shift】键创建的正方形选区

　　③ 在拖动"矩形选择框"工具的同时按下【Alt】+【Shift】组合键，这样就可以从当前的单击点开始，制作正方形选区。

2.1.2 "椭圆选框"工具

有时需要制作椭圆形选区时，就可以使用"椭圆选框"工具。点选该工具后按住鼠标左键拖动到需要选择的区域，就能绘制出椭圆形选区。"椭圆选框"工具与"矩形选框"工具的功能及使用技巧类似，"矩形选框"工具的使用技巧可加以应用。如图2-14所示。

与"矩形选框"工具不同的是"椭圆选框"工具的工具选项条中出现了"消除锯齿"选项，如图2-15所示。由于Photoshop CS5中的图像是由像素组成的，所以在选择椭圆选区时就会出现锯齿边缘，所以点选"消除锯齿"选项可防止或减弱选择区域锯齿现象。

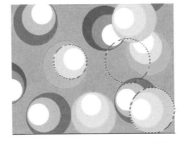

图2-14 使用"椭圆选框"工具绘制的图形

图2-15 "椭圆选框"工具选项条

😊 Tips 提示

在点选"椭圆选框"工具后，在页面上拖动鼠标的同时按住【Shift】键可以创建正圆形选区；在页面上按住【Shift】+【Alt】组合键的同时拖动鼠标可以创建以某一点为中心的正圆形选区。

2.1.3 "单行选框"与"单列选框"工具

点选"单行选框"工具后在页面上用鼠标单击可以创建一行一个像素距离的选区。"单列选框"工具与"单行选框"工具使用方法相同如图2-16所示。单行单列选框在实际应用中使用并不太广泛。

图2-16 "单行选框"工具与"单列选框"工具的使用

2.2 制作不规则形选区

2.2.1 "套索"工具组

尽管上一节学会了如何创建矩形或圆形选区，但选取出来的选区还是比较规则，不是矩形就是圆形，这样的形状很难胜任在实际制作中的需要。这样就有必要介绍下面的工具——"套索"工具组。"套索"工具组也是常用的选择工具之一，它主要用于创建不规则形状的选区，其中包含三种工具：套索工具、多边形套索工具和磁性套索工具。

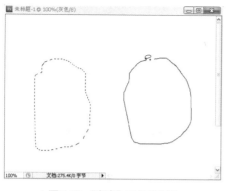

图2-17 "套索"工具的使用

2.2.1.1 "套索"工具

点选套索工具，按下鼠标在页面上自由拖曳来创建选区，鼠标回到选区的起始点可闭合选区。也可在远离起点的位置松开鼠标自动闭合选区。这时需要注意，如果起点与终点不在一起就会自动在两者间链接一线，如图2-17所示。如果不希望出现这样的情况，需要尽量将起点与终点靠近或汇合。

Tips 提示

【Alt】键在Photoshop CS5中使用非常广泛，在套索工具中使用【Alt】键就能实现套索工具和多边形套索工具的切换，具体使用方法是正常使用套索工具 拖动时，按住【Alt】键不放，松开鼠标移动这时光标变成 ，然后点击鼠标依次单击，会发现套索工具已经转换成为多边形套索工具。还可以再转换成为套索工具，首先按下鼠标不放，松开【Alt】键，这时光标变成 ，还是以移动轨迹作为选区了。所以在选择过程中可以任意切换套索工具与多边形套索工具。

"套索"工具选项条选项的用法与椭圆选框工具相似，可参考上节内容。

2.2.1.2 "多边形套索"工具

顾名思义，"多边形套索"工具 可以创建多条直边的选区，点选"多边形套索"工具，在选取点单击后，松开鼠标在下一个选取点再单击，"多边形套索"工具的操作方法就是通过不断单击的方法来创建选区，只不过在每次单击后都要松开鼠标再进行下次的单击。在创建选区的过程中，当鼠标回到起点附近时，光标下会出现一个圆圈，单击鼠标选区就会闭合。如果选择的物体比较复杂起点无法确定时，可以双击左键来自动闭合选区。如图2-18所示（见第2章素材2.2素材1）。

图2-18 使用"多边形套索"工具创建的直边形的选区

Tips 提示

如果在创建选区的过程中，按下【Shift】键则可得到水平、垂直或45°角方向的选取线；若按下【Alt】键不放，可以切换至套索工具，进行自由形选区的创建，松开【Alt】键时又切换至多边形套索工具的功能。在创建选区的过程中，要对创建的节作修改，可按【Delete】键删除已定位的节点。

2.2.1.3 "磁性套索"工具

磁性套索工具是一个可识别选取对象边缘的创建工具，该工具的特点是自动捕捉边缘颜色对比大的图像并创建选区，尤其是适用于绘制背景颜色与要选择的图像反差大的选区。使用此工具进行操作时，Photoshop CS5会自动插入定位锚点，如果想手动插入定位锚点，可以单击鼠标左键，如图2-19所示（见第2章素材2.2素材2）为使用此工具所创建的选择区域。

磁性套索工具的操作指导如下。

① 在打开图像的边缘上单击以确定其始点的位置，然后松开鼠标围绕图像边缘拖动光标。

② 一直沿图像边缘拖动光标，这时光标会贴紧图像中颜色对比的强烈的边缘自动创建定位锚点，并根据需要在适当的位置插入定位锚点。

图2-19 使用磁性套索工具所创建的选择区域

③ 当光标快接近起始点位置时，光标左下角会出现一个小圈，这时候单击鼠标即可闭合选区。

④ 在操作过程中如果出现误操作，可以按【Delete】键删除刚刚绘制的错误的边缘线或定位锚点，当需要闭合选区时双击鼠标左键即可。

磁性套索工具选项条如图2-20所示。该工具选项条中的重要参数含义如下所述。

图2-20 磁性套索工具选项条

"宽度"：用于设置磁性套索工具检测选取对象边缘的宽度，其取值范围在1～40之间，参数越小检测的范围越小。

"对比度"：用于设置磁性套索工具对颜色反差的敏感程度。其取值范围在1%～100%之间的数值，数值越高反而敏感度越低，也就不能准确地捕捉到对象的边界点。

"频率"：用于设置磁性套索工具在选择对象所用链接节点的数量。其取值范围在0～100之间的数值，数值越高其选择用的节点越多，创建的选区也越精确。

 提示

在磁性套索工具初次创建选区完成后，可以对选区进行修改。在磁性套索工具点选的情况下，按住【Shift】键光标下方将出现"+"号，可以增加控制节点，按住【Alt】键则可以减去控制节点。

图2-21 使用魔棒单击粉红色的某一点的效果

2.2.2 "魔棒"工具

2.2.2.1 魔棒工具

魔棒工具可以选择图像中所有颜色相类似的区域，如图2-21所示使用魔棒在图像中单击粉红色的某一点，附近与它颜色相邻或相类似的区域将会被选中。

魔棒工具的工具选择条如图2-22所示。该工具选项条中的重要参数含义如下所述。

"容差"：用来设置选定颜色的范围，可输入0～255之间参数值。输入的数值越小，选择的颜色越接近，选

图2-22　魔棒工具的工具选择条

区的范围也相应地小；输入的数值越大，选择的颜色的反差也越大，选区的范围相应的也越大；所以要选择比较精确的颜色时，容差输入的参数要小一些。如图2-23所示为容差值不同，魔棒工具单击图像同一位置时得到的不同选区。

"消除锯齿"：勾选此选项，可以得到平滑的选区边缘。

"对所有图层取样"：用来设置选取的范围是否对所有可见图层中的图像都有效，如果不勾选此项，那么选取的范围只对当前图层有效。

(a) 容差值为10　　　　　　　　　　　　(b) 容差值为80

图2-23　应用不同容差值的选择效果

"连续"：此选项用来设置选取的范围是连续的还是不连续的。如果点选该项后，魔棒只能选择颜色相链接的单个区域，如果取消该选项，那么魔棒就能选择整幅图像中所有的某一颜色区域，如图2-24所示（见第2章素材2.2素材3）。

(a) 选中"连续"选项　　　　　　　　　　(b) 未选中"连续"选项

图2-24　"连续"选项效果

2.2.2.2　快速选择工具

Photoshop CS5新增的快速选择工具功能非常强大，如同许多其他工具，快速选择工具的使用方法是基于画笔模式的。也就是说，选区是"画"出来的。该选项条如图2-25所示。该工具选项条中的重要参数含义如下所述。

图2-25　快速选择工具选项条

"选区运算模式"：用来设置该工具创建选区运算模式，共有三种运算模式，"新选区" 📷 "添加到选区" 📷 和 "从选区减去" 📷 。

"画笔"：在画笔右侧有三角按钮，单击三角可调出画笔参数设置框，可以设置画笔参数，对涂抹时的画笔属性进行设置。如图2-26所示。在实际操作中如果是选取离边缘比较远的较大区域，就要使用大一些的画笔大小；如果是要选取边缘则换成小尺寸的画笔大小，这样才能尽量避免选取背景像素。

"对所有图层取样"：如果勾选此项，选取的范围对所有可见图层中的图像都有效。

"自动增强"：如果勾选此项，就可以在绘制选区的过程中，自动增加选区的边缘。

图2-26　画笔参数设置框

"调整边缘"：单击该按钮会打开一个对话框，在对话框中可以对选区做精细调整，可以控制选区的半径和对比度，也可以羽化选区，还可通过调节光滑度来去除锯齿状边缘，而不会使选区边缘变模糊。

实例操作如下。

使用快速选择工具建立选区然后进行图像组合。

① 打开本教材所附光盘提供的素材文件"第2章素材\2.2素材4.jpg"。如图2-27所示。任务是把图中的人物创建为选区。

② 在快速选择工具选项条上设置画笔大小及其他参数选项。

③ 按住鼠标左键然后在人物身上进行涂抹，得到类似于如图2-28所示的选区。

④ 按下【Shift】键的同用鼠标在未选中的部分进行涂抹可以在原有基础上增加选区，反之，按下【Alt】键的同用鼠标进行涂抹可在原选区上减去多余的选区，如图2-29所示。

⑤ 在快速选择工具选项条上单击"Refine Edge"（优化边缘）按钮，在下拉的对话框中对控制选区的半径、对比度、羽化、调节光滑度和缩小/扩大选区做合适的设置，以便对选区做精细调整。

⑥ 最后将选区中的人物放置在另一图像文件中。如图2-30所示。

图2-27　素材图像　　　　图2-28　鼠标涂抹效果　　　　图2-29　选区效果　　　　图2-30　图像效果

提示

　　快速选择工具中的画笔设置，可以通过按【 [】来增大画笔笔尖的大小，按【] 】可以来减小画笔笔尖的大小。

　　利用快速选择工具在选择较大范围的选区时，可以利拖动涂抹的方式来建立选区，在添加或减去小面积的选区时，则需要使用【Shift】或【Alt】键结合单击的方式进行处理。

2.2.3　使用"色彩范围"命令

　　色彩范围命令与魔棒工具使用原理基本类似，但色彩范围命令功能更加强大。使用魔棒工具只能得到一种绝对的颜色选区，色彩范围命令可以从图像中一次得到一种颜色或几种颜色的选区。

　　可以重复使用色彩范围命令选择颜色子集，如果要在整个图像中选择高光中的黄色区域，可先选择"色彩范围"对话框中的"高光"选项并单击"确定"按钮，然后再选择"色彩范围"对话框中的"黄色"选项。该命令对话框如图2-31所示。

　　实例操作如下。

　　使用羽化命令制作一个简单的示例。

　　① 打开本教材所附光盘的素材"第二章素材\2.2素材5.jpg"，如图2-32所示。执行"选择"→"色彩范围"命令，弹出"色彩范围"对话框。

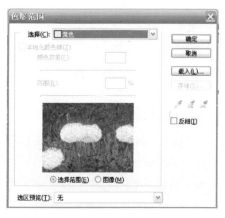

图2-31　重复使用色彩范围命令　　　　　　　　　图2-32　原图

　　② 确定需要选择的图像区域，如果是绿色则在下拉菜单中选择"绿色"选项，一般情况下是需要自定义颜色的，所以要在选择下拉菜单中选择取样"颜色选项"。

　　③ 单击"选择范围"按钮，然后出现当前选择的图像范围，如图2-33所示。

　　④ 可以用 工具单击需要选择的图像区域，在预览窗口中可以看到白色的区域是被选择的部分，单击不同的取样点白色的范围也不同，白色区域越大，说明选择的图像的范围也越大。

 提示

　　在使用吸管工具 的同时，可以按【Shift】键把工具 切换为 工具增加颜色，按住【Alt】键可以将工具切换为 工具减少颜色。

图2-33　选择范围图示

⑤ 还可以通过拖动"颜色容差"滑块来创建选区，若"颜色容差"的参数较小，选择的范围相应的也小，"颜色容差"的参数较大，选择的范围相应的也大一些。如图2-34、图2-35所示。

图2-34　颜色容差参数小

图2-35　颜色容差参数大

⑥ 在实际操作过程中，有时需要添加其他别的颜色的图像范围，这时需要在对话框中单击 工具，在图像中里单击要添加颜色的区域，反之要减少图像的颜色范围，则需要在对话框中单击 工具，在图像中里单击要添加颜色的区域。

⑦ 最后需要保存当前设置的时候，则单击存储按钮即可。

色彩范围命令对话框中重要参数含义如下所述。

"选择"：在此下拉列表框中提供了11种选项，用以设置要选择的图像范围，例如选择"黄色"选项，就可以选择整个图像中的黄色区域。如果选择了"取样颜色"选项后，将出现颜色吸管工具。在对话框右侧选择滴管工具，在图像中单击要选择的颜色，那么整个图像中的所有相同的颜色都将被选中。如果需要增加别的颜色作为选区，在选择一种颜色后，再选择滴管加工具单击其他需要选择的颜色即可。反之，如果要在已选的大选区中减去某部分选区，则可选择滴管减工具单击需要去除的那个颜色即可。

"颜色容差"：用来设置选定颜色的范围，使用原理与魔棒中"容差"相同，"颜色容差"数值越大，那么选区也会相应地扩大。

"反相"：如果勾选此项，则会把将当前选区进行反选。

"选择范围" / "图像"：这两个勾选项用以设置预览窗口中的图像显示方式。

2.3.1　移动选区

当创建好一个选区后，把光标放在选区范围内，等光标的形状变为 时，用鼠标拖动就能移动选区的位置了，如图2-36所示。移动选区位置后的效果如图2-37所示。

图2-36　移动选区　　　　　　　　　　　　　图2-37　移动选区位置后的效果

😊 Tips 提示

在移动光标的同时按住【Shift】键，能将选区按水平45°或90°的方向移动，按键盘上的箭头键，可以按1个像素的距离移动选区。移动光标的同时按住【Ctrl】键则可以移动选区内图像的位置。

在实际操作过程中，初学者有时会混淆移动选区和移动图像操作上的区别，如果要移动选区，不必选任何工具只需要把鼠标放置在选区内拖动即可。如需要移动选区，则需要点选 移动工具，然后拖动选区，如图2-38、图2-39所示（见第2章素材2.3素材1）。

图2-38　原图　　　　　　　　　　　　　图2-39　移动图像后效果

2.3.2 取消选择区域

要取消当前的选区,可以在选区外的页面上双击鼠标或按【Ctrl】+【D】组合键来取消。还可以选择菜单上的"选择"→"取消选择"来取消。

2.3.3 反选

使用该命令可以使选取得当前选区与未被选取的部分角色互换,也就是与原先设定的选择范围相反,如图2-40所示。快捷键为【Ctrl】+【Shift】+【I】。

(a) 原选区   (b) 反选后

图2-40　反选

2.3.4 扩展

当需要扩大当前选区范围时,执行"选择"→"修改"→"扩展"命令,在"扩展量"数值框中可输入1～100之间参数值。输入的数值越大,选区被扩展得也越大。

2.3.5 收缩

当需要缩小当前选区范围时,执行"选择"→"修改"→"收缩"命令,在"收缩量"数值框中可输入1～100之间参数值。输入的数值越大,选区被收缩的程度也越大。

2.3.6 平滑

平滑命令的工作原理是在选区的边缘上增加或减少像素来使选区变平滑的。一般用于修正用魔棒制作的选区,因为魔棒选取时很不连续,得到的选区边缘也常常呈锯齿状。

当需要将当前选区边缘变得平滑时,执行"选择"→"修改"→"平滑"命令,在"平滑半径"数值框中可输入1～100之间参数值。输入的数值越大,选区平滑的程度也越大。

2.3.7 扩边

当需要给当前选区边缘加个边框选区时,执行"选择"→"修改"→"边界"命令,在"宽度"数值框中可输入1～200之间参数值。输入的数值越大,边框选的宽度也越大。需要注意的是通过扩边命令得到的选区有羽化的效果。

2.3.8 羽化

羽化命令的工作原理是把选区边缘及其周围的像素进行模糊处理,从而达到柔和选区边缘的效果。

当需要将当前选区边缘变得柔和时，执行"选择"→"羽化"命令，在"羽化半径"数值框中可输入0～250之间参数值。输入的数值越大，选区柔和的程度也越大。

> **Tips 提示**
>
> "羽化"命令可以为当前任何形状的选区执行柔和效果，而绘制选区工具的工具选项条上"羽化"效果，只能在创建选区前进行设置后才执行柔和效果。另外"羽化"命令的快捷键为【Ctrl】+【Alt】+【D】。

实例操作如下。

使用羽化命令制作一个简单的示例。

① 打开本教材所附光盘中的第2章素材2.3素材2图像。

② 先使用磁性套索工具沿大象的身体边缘创建选区，如图2-41所示。

③ 选择"选择"→"修改"→"羽化"命令，在羽化的对话框中设置"羽化半径"参数为35，然后执行反向命令【Ctrl】+【Shift】+【I】键，删除选区这时背景色是白色，就得到晕边的图像效果，如图2-42所示。

图2-41　磁性套索工具创建选区

图2-42　晕边的图像效果

2.3.9　变换选区

当需要变换当前选区时，执行"选择"→"变换选区"命令，可以对当前选区进行变换操作，变换的命令有例如旋转、斜切、扭曲及透视等，接下来详细讲解"变换选区"的使用。

实例操作如下。

① 按【Ctrl】+【A】键全选图像。执行"选择"→"变换选区"命令，选区的边框将出现8个控制点，如图2-43所示（见第2章素材2.3素材3）。

② "变换选区"命令的工具选项栏如图2-44所示，下面了解下选项栏内相关的设置选项。

③ 单击参考点定位符 ⊞ 上的方块，可以更改参考点的位置。如图2-45所示，在更改参考点的位置的同时 ⊞ 右侧的X与Y选项参数会相应改变。

图2-43　变换选区

X: 2489.00 px △ Y: 1866.50 px W: 100.00% H: 100.00% △ 0.00 度 H: 0.00 度 V: 0.00 度

图2-44 变换选区工具栏

④ 改变选项栏中的X和Y的参数，可改变选框的位置；设置W和H的参数，可对选框进行大小的调整；单击"链接" ❽ 图标可保持长宽比不变；在"旋转"里输入参数，可以对选框旋转，效果如图2-46所示。

图2-45 参考定位符　　　　　　　　　图2-46 旋转变换选区

 技巧

选框位置的快捷方式是将光标指针放在选框内，拖动鼠标即可调整。同样将光标指针放在选框外，光标变为 图 时，单击并拖移鼠标即可旋转选框。

⑤ 按回车键或者单击选项栏内的 ❷ "取消变换"按钮，则可取消当前变换操作。

⑥ 再次全选图像后执行"变换选区"命令，选区等比例缩小后控制选框的斜切，具体是在H（水平斜切）和V（垂直斜切）文本框中输入参数即可，如图2-47所示。

⑦ 在选项栏中的"在自由变换和变形模式之间切换"按钮 图，单击它能够对选框进行变形。移动控制点的位置可变换选框的形状，如图2-48所示。

图2-47 斜切　　　　　　　　　　图2-48 变换选框的形状

⑧ 单击"变形"模式后，在选项栏中的"变形"下拉菜单中，可选择多种预设形状对选区运行变形，如图2-49、图2-50所示。

⑨ 按下回车键或者单击工具选项栏内"运行变换"按钮✓可确定变换操作，如图2-51所示。

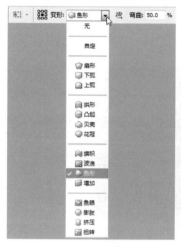

图2-49 变形　　　　　　　图2-50 变形选区　　　　　　　图2-51 运行变换选区

提示

在Photoshop CS5中，执行"变形样式"命令后，仍然能够拖移控制点对变形的选区再作调整。"选择"菜单下的"变换选区"命令与"编辑"菜单下的"变换"命令的使用方法基本相同，不同的是"变换"命令对图像运行变换，而"变换选区"命令只对选区运行变换，选区中的图像不会随着选区变化。

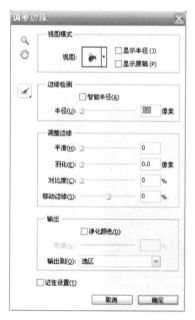

图2-52 调整边缘对话框

2.3.10 调整边缘

在Photoshop CS5以上版本中新增了一个选择辅助工具"调整边缘"。它的功能非常强大，包含了以上所讲的选区编辑的所有命令。它的最大优点就是可以在一个对话框中对选区可以进行多种编辑操作。当需要给当前选区进行多种编辑时，执行"选择"→"调整边缘"即可打开。其对话框如图2-52所示。

该对话框中重要参数含义如下所述。

"半径"：该选项的作用是，通过调大它的数值，将选区边缘变得更加柔和，使选区精确地靠近图像边缘。特别适合调整具有柔软边缘的角色。

"对比度"：对比度则和半径选项相反，增大它的数值可以将边缘变得很硬也就是更加的锐化。如果选取的是边缘十分清晰的主体，就可以利用这个选项增加边缘的清晰程度。

"平滑"：当创建的选区有明显的锯齿时，增加平滑值可以将选区中的细节弱化，去除毛刺或者缝隙，使选择区更加平滑。

"羽化"：该选项可以将选区边缘进行模糊处理，它和半径选项是不同的，半径选项是向选区内部渐隐，而羽化选项则向边缘两侧软化。相比来讲，半径选项的柔化效果更好一些。

"收缩/扩展"：该选项可以将选区变大或者变小，如果选区框选得过大，那么将它往左边拖移，缩小一点，就可以准确地选择图像了。

"预览"即该命令有5种不同的选区预览显示模式：标准模式、快速蒙版预览模式、黑背景和白背景模式、蒙版预览模式。

第一种为标准模式，即默认模式，可以看到背景与选择区的内部。

第二种为快速蒙版预览模式，它将选区以外的部分都用半透明的颜色盖起来，以便更容易观察到选区的形状。

第三种和第四种分别为黑背景和白背景模式，利用这两个模式可以观察选取的图像边缘是否融合正常。

第五种为蒙版预览模式，它可以直观地观察到选区的边缘情况。

"说明"：该命令用于显示说明性的文字。

综合训练题

1.实例演练

（1）使用快速选择工具选黄花

下面通过实例来讲解快速选择工具选择黄花，并合成到另一背景中。

① 打开本教材所附光盘的素材"第2章素材\2.4素材1.jpg"，如图2-53所示。

② 点选工具箱中的快速选择工具，在下拉对话框中调整画笔的大小，在图中的黄色花瓣上涂抹，如图2-54所示。

图2-53　素材图

图2-54　快速选择工具涂抹效果

③ 这时发现黄色花并没有完全被选住，单击添加到选区，然后在未选中的花瓣上涂抹。如图2-55所示。

④ 选完黄花后，再涂抹一部分花枝。

⑤ 在调整边缘下拉对话框中对选区进行编辑至合适位置。

⑥ 这样就得到如图2-56的选区，按【Ctrl】+【C】键，以复制当前选区内的图像。

图2-55　选区

图2-56　创建的选区

图2-57　最后效果

⑦ 打开本教材所附光盘的素材"第2章素材\2.4素材2.jpg"，然后在图像中按【Ctrl】+【V】组合键，以粘贴上一步复制的图像，然后按【Ctrl】键拖动鼠标把复制的图像放置到合适位置。最后用橡皮擦工具 并选择羽化的画笔，把花枝的多余部分擦除如图2-57所示。

（2）制作羽化效果图像

下面通过实例来讲解羽化人物效果。

① 打开本教材所附光盘的素材"第2章素材\2.4素材3.jpg"，如图2-58所示。

② 在图层面板中拖动背景层到创建新图层工具 上，复制背景层得到背景副本图层。

③ 然后把背景副本的图像执行"编辑"→"变换"→"水平翻转"得到如图2-59所示图像。

图2-58　素材图像

图2-59　水平翻转后的图像

④ 点击图层面板中背景图层前的眼睛把背景图层隐藏，只显示背景副本图层。然后在图像上画出一矩形选择框，执行羽化命令快捷键【Ctrl】+【Alt】+【D】键输入参数为45。如图2-60所示图像。

⑤ 单击执行反选命令快捷键【Ctrl】+【Shift】+【I】，然后按【Delete】键删除选择区域效果如图2-61所示。

⑥ 单击图层面板中背景图层前的眼睛把背景图层显示出来，得到最终效果。如图2-62所示图像。

图2-60 设置羽化后的选择框　　图2-61 执行反向删除后的效果　　图2-62 最终效果

2.单项选择题

（1）制作不规则形选区的工具有（　　）

A.套索工具　　　　　　　　　　　　B.多边形套索工具

C.磁性套索工具　　　　　　　　　　D.魔棒工具

（2）当画面中已经有选区时，按下（　　）键可以在原有的选区上增加选区的范围。

A.【Ctrl】　　　　B.【Shift】　　　　C.【Alt】　　　　D.【Ctrl】+【Shift】

（3）使用（　　）命令可以使选取得当前选区与未被选取的部分角色互换，也就是与原先设定的选择范围相反。

A.羽化　　　　　　B.扩展　　　　　　C.收缩　　　　　　D.反选

（4）（　　）工具最大优点就是可以在一个对话框中对选区进行所有编辑选区命令的操作。

A.调整边缘　　　　　　　　　　　　B.变换选区

C.快速选择工具　　　　　　　　　　D."色彩范围"命令

（5）执行（　　），可以将当前锯齿状选区边缘变得平滑。

A."选择"→"修改"→"平滑"命令　　B."选择"→"修改"→"边界"命令

C."选择"→"修改"→"扩展"命令　　D."选择"→"修改"→"收缩"命令

（6）使用下列（　　），工具可以选择连续的相似颜色的区域。

A.矩形选框工具　　　　　　　　　　B.椭圆选框工具

C.魔棒工具　　　　　　　　　　　　D.磁性套索工具

（7）在Photoshop CS5中按住（　　）键，单击图层面板上的图层可以载入选区。

A.【Ctrl】　　　　B.【Shift】　　　　C.【Alt】　　　　D.【Ctrl】+【Shift】

3.操作题

① 打开本教材所附光盘的素材"第2章素材\2.4素材4.jpg"、"第2章素材\2.4素材5.jpg"图像，如图2-63所示，结合本章所讲的知识点，给雕像切换背景。图2-64就是切换背景后的效果图。

图2-63　素材图（一）

图2-64　效果图（一）

② 使用本教材所附光盘的素材"第2章素材\2.4素材6.jpg"、"第2章素材\2.4素材7.jpg"，如图2-65所示，利用色彩范围命令给荷花切换背景。最后效果如图2-66所示。

图2-65　素材图（二）

图2-66　效果图（二）

③ 打开本教材所附光盘的素材"第2章素材\2.4素材4.jpg"的图像，利用本章所讲的快速选择工具将人物选中，并去除背景色。图2-67是素材图，图2-68为去除背景色后的效果。

图2-67　素材图

图2-68　去除背景色后的效果

工具箱

【导语】本章主要介绍Photoshop的工具箱及工具的使用，主要包括选区工具、绘画工具以及其他工具中的移动工具、抓手工具、缩放和裁切工具，要通过讲解和演示，逐步学习工具箱中的各种工具功能，能够对工具熟练使用。

知识目标

● 了解工具箱中各种工具的主要功能

● 理解工具箱各种工具的使用方法

● 掌握工具箱中各种工具的基本操作

能力目标

● 能解释工具箱中各种工具的主要功能

● 能应用工具箱的各种工具

● 能对工具箱中的工具进行熟练操作，并能够应用工具处理图像

图3-1

案例描述

引入各种案例，引导学生思考，并通过实际的操作，加强学生对工具箱各项工具的功能有更深刻的理解，使在处理图形图像的过程中，能够准备的选择工具并熟练使用，最终取得优美的处理效果。如打开文件，出现图3-1，选用剪切工具，将图中的树选中操作，就可裁切得到图3-2的效果。

案例评析

了解工具箱中各工具的功能与作用，才能在工作时得心应手。只有能够熟练掌握各工具的功能并准确选择使

图3-2

用工具，才能进一步对图形图像正确处理，才能提高解决实际问题的能力。

3.1 选区工具

3.1.1 套索工具

套索选取工具在实际中是一组非常有用的选取工具，主要用来选择一些不规则的选择范围，它包括三种套索选取工具：随意套索工具、多边套索工具和磁性套索工具。

3.1.1.1 套索工具

套索工具可以定义任意形状的区域，通过鼠标在图像上绘制任意形状的选取区域。其选项属性栏如图3-3所示。在使用"套索工具"拖动选区时，需要放大和缩小视图，因为不能同时使用"缩放工具"，可以使用键盘快捷键【Ctrl】和"+"来放大，使用【Ctrl】和"-"来缩小视图。

图3-3 套索工具选项属性栏

使用套索工具时，选择该工具后在操作文件中按住鼠标左键沿着要选择的区域进行拖动，当绘制的线条完全包含要选取的图像时释放左键就可以得到一个任意形状的选区。如图3-4和图3-5为第3章素材3.1素材1使用套索工具的过程和选取结果。

图3-4 使用套索工具过程

图3-5 使用套索工具创建的选区

3.1.1.2 多边形套索工具

要把不规划的直边图像从背景中抠出来，多边形套索工具就是最适合的选择工具了。多边形套索工具的使用方法是单击鼠标形成固定起始点，然后移动鼠标就会拖出直线，在下一个点再单击鼠标就会形成第二个固定点，依此类推直到形成完整的选取区域，当终点与起始点重合时，在图像中多边形套索工具的小图标右下角就会出现一个小圆圈，表示此时单击鼠标可与起始点链接，形成封闭的、完整的多边形选区。也可在任意位置双击鼠标，自动链接起始点与终点形成完整的封闭选区。在使用套索工具时按住【Alt】键，可将套索工具暂转换为多边形套索工具使用。图3-6和图3-7分别为第3章素材3.1素材1和3.1素材2经过多边形选区并将选中的图像进行复制或拖动形成另一幅图像的效果。

图3-6　多边形选区和待处理图像　　　　　　　　图3-7　处理效果图

3.1.1.3　磁性套索工具

磁性套索工具是一种具有自动识别图像边缘功能的套索工具。Photoshop使用磁性套索工具，可以轻松地选取具有相同对比度的图像区域。使用时，将鼠标移动到图像中点击选取起点，然后沿物体的边缘移动鼠标（不用按住鼠标的左键），这时磁性套索工具会根据自动识别的图像边缘生成物体的选区轮廓。当鼠标移动回起点时，光标的右下角会出现一个小圆圈，表示选择区域已经封闭，最后在这里单击鼠标即可完成操作。磁性套索工具的属性栏如图3-8所示。

图3-8　磁性套索工具属性栏

"宽度"：用来确定磁性套索工具自动查询颜色边缘的宽度范围。其数值越大，所要查找的颜色就越相似。

"边对比度"：用于确定边缘的对比度。其数值越高，磁性套索工具对颜色反差的敏感度越低，也更不容易捕捉到准备的边界点。

"频率"：用来确定磁性套索工具在定义选择边界的时插入的节点数量，数值越高，插入的定位节点越多，得到的选区越精确。

实例操作（一）　使用磁性套索工具建立选区

第一步　打开本书所附光盘中的第3章素材3.1素材3的钟表，如图3-9所示，在对象的边缘单击确定起始点。

第二步　沿着要选择的对象"钟表"边缘拖动选区，光标会自动在对比明显的地方创建选区，并将得到的选区线显示为具有小节点的线段，如图3-10所示。

第三步　当光标拖到与第一点重合的位置时，光标右下角出现一个小圆，此时单击鼠标就可以得到闭合的选区，如图3-11所示。

图3-9　素材钟表　　　　图3-10　选取过程中的节点　　　　图3-11　建立选区

3.1.2 魔棒工具

魔棒工具是根据相邻像素的颜色相似程度来确定选区的选取工具。当使用魔棒工具时，Photoshop将确定相邻近的像素是否在同一颜色范围容许值之内，这个容许值可以在魔棒选项浮动窗口中定义，所有在容许值范围内的像素都会被选上。魔棒工具的选项浮动窗口如图3-12所示，其中容差的范围在0～255之间，默认值为32。输入的容许值越低，则所选取的像素颜色和所单击的那一个像素颜色越相近。反之，可选颜色的范围越大。用于所有图层选项和Photoshop中特有的图层有关，当选择此选项后，不管当前是在哪个图层上操作，所使用的魔棒工具将对所有的图层都起作用，而不是仅仅对当前图层起作用。使用上面几种选取工具和魔棒工具时，如果按住【Shift】键，可以添加选区，如果按住【Alt】键，则可以减去选区。图3-13和图3-14为第3章素材3.1素材4用魔术棒选择时，容差值分别为40和80时的选区。

图3-12　魔术棒工具选项属性栏

图3-13　容差为40的选区

图3-14　容差为80的选区

3.1.3 快速选择工具

快速选择工具是一种功能很强大的选择工具，它通过调节画笔大小来控制选择区域的大小。形象一点说就是可以"画"出选区。快速选择工具的选项浮动窗口如图3-15所示。选用 和 可以增加和减少选区。图3-16和图3-17、图3-18分别为第3章素材3.1素材5用快速选择工具选择选区、增加选区和减少选区的效果图。

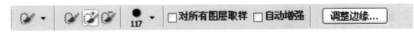

图3-15　快速选择工具的选项浮动窗口

图3-16　快速选择工具选择选区

图3-17　快速选择工具增加选区

图3-18　快速选择工具减少选区

3.2　绘画工具和图像处理工具

3.2.1　画笔工具

画笔工具组包括画笔工具和铅笔工具。画笔工具将以画笔或铅笔的风格在图像或选择区域内绘制图像。

3.2.1.1　画笔工具

画笔工具 是Photoshop所有绘图工具中最有亮点的一个，运用画笔工具，可以创建出较柔和的笔触，笔触的颜色为前景色。

在使用画笔工具进行绘图时，首先要选择正确的绘图前景色，另外，还必须设置画笔工具的选项，其工具选项条如图3-19所示。要使用画笔工具画出直线，应该在起点位置单击，然后移动光标到另一点上并按住【Shift】键再次单击，就会在两点之间画出一条直线，这一技巧同样适用于铅笔工具、橡皮擦工具。

图3-19　画笔工具的工具选项条

"画笔"：在此下拉表中选择合适的画笔大小。

"模式"：用于设置绘图色与底色的混合效果。模式下拉表中的选项很多，稍后做专门的介绍。

"不透明度"：用来设置绘图颜色的不透明度，数值越大绘制效果越清晰，反之，则越模糊。

"流量"：表示拖动光标一次得到的图像的清晰度，数值越大，越清晰。

（1）"画笔"调板

显示画笔调板可执行"窗口"→"画笔"，如图3-20所示。或者在选中了绘画工具时，在选项栏的右侧点按调板按钮 。

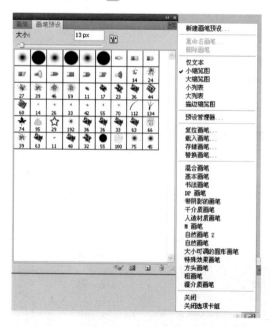

图3-20　"画笔"调板

画笔预设区：选择此选项后，右侧的画笔显示当前所有载入预设的画笔，要载入、存储画笔，都需要在此状态下进行。

动态参数区：包括形状动态、散布、纹理、双重画笔、颜色动态和其他动态，在此可以选择各种动态参数，以得到散布、大小变化的动态效果。

附加参数区：包括杂色、湿边、喷枪、平滑和保护纹理，在此可以对画笔的绘画属性做一些补充设置。

画笔显示区：此处显示在选择"画笔预设"选项时，此时用于当前存在的画笔。

调板菜单区：图中右面部分为调板菜单，用于显示与"画笔"调板相关的命令，在底部则用于显示Photoshop自带的画笔预设。

（2）画笔笔尖形状预设

在画笔调板中选择"画笔笔尖预设"选项后，

在其参数设置区设置画笔的一些基本属性，包括"直径"、
"间距"、"角度"等，如图3-21所示。当使用预设画笔时，
按【[】键可减小画笔宽度；按【]】键可增加宽度。对于
实边圆、柔边圆和书法画笔，按【Shift】+【[】键可减小
画笔硬度；按【Shift】+【]】键可增加画笔硬度。

　　直径：控制画笔大小。输入以像素为单位的值，或拖
移滑块。如图3-22所示为直径大小不同时画笔效果。

　　使用取样大小：将画笔复位到它的原始直径。只有在
画笔笔尖形状是通过采集图像中的像素样本创建的情况
下，此选项才可用。

　　翻转X：改变画笔笔尖在其x轴上的方向。翻转Y：
改变画笔笔尖在其y轴上的方向。

　　角度：指定椭圆画笔或样本画笔的长轴从水平方向旋
转的角度。键入度数或在预览框中拖移水平轴。

　　圆度：指定画笔短轴和长轴之间的比率。输入百分比
值，或在预览框中拖移点。100%表示圆形画笔，0%表示
线性画笔，介于两者之间的值表示椭圆画笔。

　　硬度：控制画笔硬度中心的大小。键入数字或者使用
滑块输入画笔直径的百分比值。不能更改样本画笔的
硬度。

　　间距：控制描边中两个画笔笔迹之间的距离。如果要
更改间距，请键入数字，或使用滑块输入画笔直径的百分
比值。当取消选择此选项时，光标的速度将确定间距。

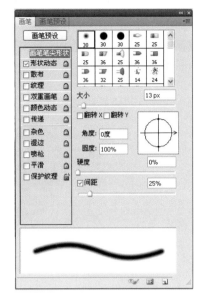

图3-21　画笔笔尖形状预设对话框

图3-22　直径不同画笔效果

实例操作（二）　对画笔笔尖形状设置

　　第一步　打开本书所附光盘"第3章素材3.2素材1.jpg"，选择画笔形状为[★]，模式为暗色，前景色
为绿色，直径为139，角度为0，间距为27%，圆度为100%，在所选素材上绘图，其效果如图3-23所示。

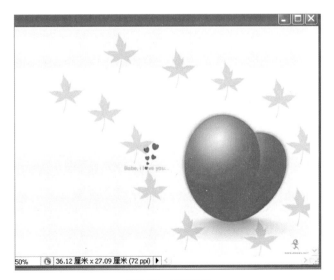

图3-23　画笔效果

第二步　分别选中翻转X和翻转Y，其他参数不变，在素材上绘图，其效果如图3-24所示。

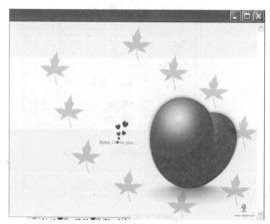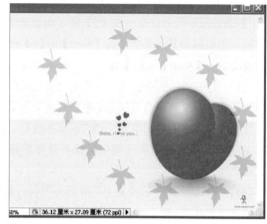

图3-24　选中翻转X和选中翻转Y的画笔效果

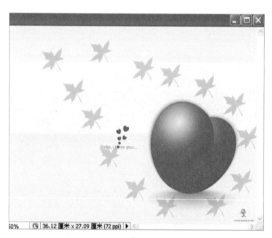

图3-25　角度变化画笔效果

第三步　放弃选中翻转X和翻转Y，角度变为45°，圆度为80%，间距扩大，其他参数不变，得到的效果如图3-25所示。

（3）形状动态设置

形状动态决定描边中画笔笔迹的变化。如图3-26所示。

"大小抖动"控制画笔在绘制过程中尺寸上的抖动幅度，其数值越大，抖动幅度也越大。

"控制"弹出式菜单中的选项指定如何控制动态元素的变化。可以选择不控制元素的变化，按指定数量的步长在初始直径和最小直径之间渐隐画笔笔迹的大小，每个步长等于画笔笔迹的一个笔迹，该值的范围从1到9999，如输入20步长产生以20为增量的渐隐，或者基于钢笔压力、钢笔斜度或钢笔拇指轮位置改变元素。

"最小直径"控制尺寸发生抖动时，画笔的最小尺寸值，此数值越大，发生抖动的范围越小。

"角度抖动"控制画笔在绘制过程中角度上的抖动，数值越大角度变化范围越大。

"圆度抖动"控制画笔在绘制过程中圆度上的抖动幅度，数值越大画笔圆度变化范围越大。

（4）纹理画笔

"纹理画笔"利用图案使描边看起来像是在带纹理的画布上绘制的一样。点按图案样本，然后从弹出式调板中选择一个图案。如图3-27所示为纹理画笔效果。

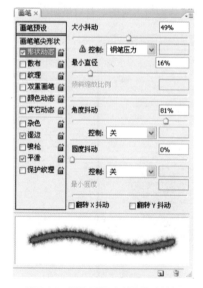

图3-26　画笔形状动态设置对话框

（5）画笔散布设置

"画笔散布"可确定描边中笔迹的数目和位置。散布和控制是指定画笔笔迹在描边中的分布方式。当选择"两轴"时，画笔笔迹按径向分布。当取消选择"两轴"时，画笔笔迹垂直于描边路径分布。如图3-28为有无"画笔散布"设置时的效果图。

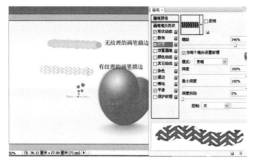
图3-27　纹理画笔效果

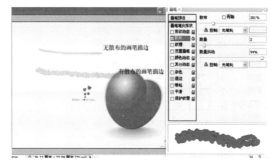
图3-28　"画笔散布"设置及效果

（6）双重画笔预设

"双重画笔"使用两个笔尖创建画笔笔迹。在"画笔"调板的"画笔笔尖形状"部分设置主要笔尖的选项。从"画笔"调板的"双重画笔"部分中选择另一个画笔笔尖，设置其他任意选项。

（7）颜色动态预设

"颜色动态"决定描边路线中油彩颜色的变化方式。前景/背景抖动和控制，指定前景色和背景色之间的油彩变化方式。控制画笔笔迹的颜色变化，可以通过改变色相、饱和度、亮度、纯度等数值的变化而变化。

（8）其他动态预设

"其他动态"选项确定油彩在描边路线中的改变方式。不透明度抖动和控制，指定画笔描边中油彩不透明度如何变化，最高值是选项栏中指定的不透明度值。流量抖动和控制，指定画笔描边中油彩流量如何变化，最高值是选项栏中指定的流量值。

（9）定义新的画笔

Photoshop提供的预设画笔在实际工作中，不能满足个性化的需要，因此，需要定义一些特殊的画笔，可以直接进行绘制，也可以将图像的一部分内容转换为画笔，下面通过实例操作来掌握其设置步骤。

实例操作（三）　自定义画笔

第一步　打开光盘中的第3章素材3.2素材2的玫瑰花，如图3-29（a）所示。

第二步　选择"图像"→"模式"→"灰度"命令将图像转换为灰度图，如图3-29（b）所示。

第三步　选择矩形选框工具将定义画笔的部分选中，如图3-29（c）所示。

（a）

（b）　　　　　　　　　　　　　（c）

图3-29　自定义画笔过程

图3-30 自定义画笔设置选项对话框

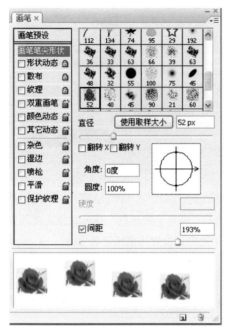

图3-31 对话框中显示新的画笔

第四步 选择"编辑"→"定义画笔"命令,弹出"画笔名称"对话框,如果3-30所示,在"名称"文本框中输入画笔名称后单击"确定"按钮,此时在画笔弹出的调板中就会显示新的画笔,如图3-31所示。

(10)保存画笔

在"画笔"调板中有各种个性化的新创画笔,可以将这些画笔保存下来,在以后工作中使用。在保存画笔的时候,首先要在"画笔"调板中选择"画笔预设"选项,然后单击右方的 按钮,在弹出的菜单中选择"存储画笔"命令,然后选择适合的路径即可保存。

(11)载入画笔

Photoshop中有很多预设画笔,在默认情况下没有被调入"画笔"画板中,可以在"画笔"调板弹出菜单的下半部分选中相应的画笔名称,在弹出的对话框中单击"追加"即可。

(12)复位画笔

选择"画笔"调板弹出菜单中的"复位画笔"命令,可以将"画笔"调板还原为安装Photoshop时的默认状态,做到完全删除无用的笔刷。

(13)删除画笔

选择"画笔"调板中的任一笔刷,单击右方的 按钮,在弹出的菜单中选择"删除画笔"命令或在画笔上右击,或者在选择"画笔预设"选项的情况下,按住【Alt】键单击要删除的画笔,就可以将其从画笔中删除。

3.2.1.2 铅笔工具

运用铅笔工具 可以创建出硬边的曲线或直线,它的颜色为前景色。在铅笔工具选项浮动窗口的左上方有一个弹出式菜单栏,此菜单栏用以设定铅笔工具的绘图模式。其中自动抹掉选项被选定以后,如果鼠标的起点处是工具箱中的背景色,铅笔工具将用前景色绘图。当在画笔浮动窗口中选择铅笔工具的笔触大小时,会发现只有硬边的笔触样式。

3.2.1.3 混合器画笔工具

混合器画笔工具是Photoshop CS5新增的工具之一,是较为专业的绘画工具,它可以模拟真实的绘画技术,混合画布上的颜色,组合画笔的颜色以及在描边过程中使用不同的绘画湿度。通过属性栏的设置可以调节笔触的颜色、潮湿度、混合颜色等,这些就如同在绘制水彩或油画的时候,随意地调节颜料颜色、浓度、颜色混合等。可以绘制出更为细腻的效果图。图3-32为混合器画笔工具选项条。

图3-32 混合器画笔工具选项条

(1)笔刷选择

通过笔刷的选择,可以选择笔刷的大小,确定其柔软程度,Photoshop CS5预制了常用笔刷,也可以载入或者自己制作笔刷来满足不同设计的需要。

(2)取样选择

单击 ,自动切换到吸管工具,通过颜色的吸取,快速选择所需的颜色。单击后面的小三角会出现载入画笔、删除画笔和只载入纯色的选项，可以根据自己的设计需要进行选择。

（3）模式选择 自定

Photoshop CS5预制了四种模式，分别是干燥、湿润、潮湿和非常潮湿，其默认的模式是自定，可以根据自己的设计风格需要调整后面的潮湿、载入、混合和流量的参数值。

（4）每次描边后载入画笔 、每次描边后清理画笔

每次描边后载入画笔、每次描边后清理画笔，控制了进行涂抹后对画笔是否更新或清理的选择，类似于使用水彩笔绘画，一笔带过后是否将笔刷放到水中清洗的选项。

3.2.2 图章工具

在Photoshop中，图章工具根据其作用方式被分成两个独立的工具：仿制图章工具 和图案图章工具 ，它们一起组成了Photoshop的一个图章工具组。

3.2.2.1 仿制图章工具

仿制图章工具是Photoshop工具箱中很重要的一种编辑工具。在实际工作中，仿制图章Photoshop可以复制图像的一部分或全部从而产生某部分或全部的拷贝，它是修补图像时经常要用到的编辑工具。仿制图章工具的选项窗口如图3-33所示。

图3-33 仿制图章工具的选项窗口

利用仿制图章工具复制图像如图3-34所示，打开第3章素材3.2素材3，首先要按下【Alt】键，利用图章定义好一个基准点，然后放开【Alt】键，反复涂抹就可以复制了。

图3-34 利用仿制图章工具的效果

3.2.2.2 图案图章工具

使用图案图章工具可以使用图案进行描绘，在使用图案图章工具之前，必须先选取图像的一部分并选择"编辑"菜单下的"定义图案"命令定义一个图案，然后才能使用图案印章工具将设定好的图案复制到鼠标的拖放处。

单击工具箱中的图案图章工具，就会调出图案图章工具选项浮动窗口。此浮动工具窗口与图章工具选项浮动窗口的选项基本一致，只是多出了一个图案选项。当选择"对齐的"选项后，使用图案图章工具可为图像填充连续图案。如果第二次执行定义指令，则此时所设定的图案就会取代上一次所设定的图案。当取消"对齐的"选项，则每次开始使用图案图章工具，都会重新开始复制填充。

使用图案图章工具，可以使用Photoshop默认自带的图案，也可以自己创建个性化的图案，下面以实例来说明。

实例操作（四） 自定义图案并使用图案图章工具

第一步 打开本书光盘中的第3章素材3.2素材4兔子，如图3-35（a）所示。

第二步 使用矩形选框工具选择作为图案的区域，如图3-35（b）所示。

（a） （b）

图3-35 素材及所选中的选区

第三步 选择"编辑"→"定义图案"命令，将弹出的如图3-36所示的"图案名称"对话框输入图案名称后单击"确定"按钮。

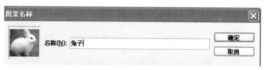

图3-36 定义图案对话框

第四步 新建文件。

第五步 选择图案图章工具中刚才定义的图案，同时设置画笔、模式、不透明度和流量等参数，如图3-37所示。

图3-37 设置图案属性栏

第六步 选中"对齐的"复选框，第一次按住鼠标左键拖动的时候以取样点为基准，以后每次按住鼠标左键拖动，都是以第一次画的为基准进行继续涂抹，得到的图像效果图案会重复衔接，非常整齐。如图3-38（a）所示。

第七步 取消选中"对齐的"复选框，则在每次按住鼠标左键拖动得到的图像效果就会有些凌乱，如图3-38（b）所示。

（a） （b）

图3-38 选用图案图章效果

3.2.3　历史记录画笔工具

历史记录画笔工具是Photoshop工具箱中一种十分有用的编辑工具，在Photoshop中记录工具包括历史记录画笔工具 和历史记录艺术画笔工具 。

3.2.3.1　历史记录画笔工具

此工具与Photoshop的历史记录浮动窗口配合使用。当浮动窗口中某一步骤前的历史画笔工具图标被点中后，用工具箱中的历史画笔工具可将图像修改恢复到此步骤时的图像状态。下面以一个实例来讲解"历史记录画笔工具"的使用方法。

实例操作（五）　利用"历史记录画笔工具"和"历史记录"调板模拟锐化艺术效果

第一步　打开本书所附光盘的文件"第3章素材\3.2素材5"，如图3-39所示。

第二步　对图像进行素描处理。选择"滤镜"→"锐化"→"USM锐化"，设置弹出处的对话框如图3-40所示，得到如图3-41所示的效果。

图3-39　素材

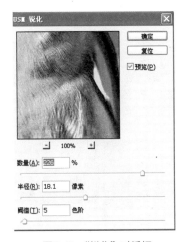

图3-40　"锐化"对话框

图3-41　锐化效果图

第三步　现在我们对图像进行艺术处理，选择选择"滤镜"→"艺术效果"→"干画笔"，设置弹出的对话框如图3-42所示，可以得到如图3-43所示的效果。

图3-42　干画笔设置对话框

图3-43　干画笔效果图

第四步 选择"滤镜"→"扭曲"→"扩散亮光"，设置的参数和得到的效果如图3-44、图3-45所示。

图3-44 扩散亮光对话框　　　　　　　　　　　　图3-45 扩散亮光效果图

第五步 利用"历史记录画笔"工具涂抹出人物图像。首先设定恢复的源点，我们将其恢复到锐化前的状态。显示"历史"记录调板，然后设置源为"USM锐化"前，如图3-46所示。

第六步 选择"历史记录画笔"工具，在其工具选项条上设置"不透明度"为30%左右，然后以图像上半身为主，逐渐向外涂抹以恢复图像，直到得到如图3-47所示的效果。

图3-46 历史记录调板　　　　　　　　　　图3-47 利用历史记录画笔效果图

3.2.3.2 历史记录艺术画笔工具

历史记录艺术画笔工具是一个比较有特点的工具，主要用来绘制不同风格的油画质感图像。选项工具窗口如图3-48所示。

图3-48 历史记录艺术画笔工具选项工具窗

在历史记录艺术画笔工具的选项窗口中，样式用于设置画笔的风格样式，模式用于选择绘图模式，区域用于设置画笔的渲染范围，容差用于设置画笔的样式显示容差。图3-49所示为第3章素材3.2素材6原图像和经过"历史记录艺术画笔"工具处理的图像效果。

3.2.4 橡皮擦工具

"橡皮擦"工具是在图片处理过程中常用的一种工具，工具在Photoshop中有3种橡皮擦工具：橡皮擦、背景橡皮擦和魔术橡皮擦。

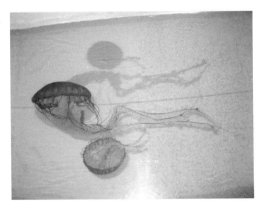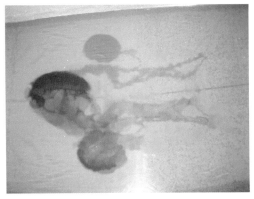

图3-49　原图和使用历史记录艺术画笔后效果

3.2.4.1　橡皮擦工具

"橡皮擦"工具是最直接的一种擦除图像的方式，其操作方法与"画笔"基本相同。橡皮擦工具选项浮动窗口如图3-50所示。

图3-50　橡皮擦工具选项条

① 模式下拉列表中的选项用于设置橡皮擦的擦除模式，包括"画笔"、"铅笔"、"块"3种，每种选项的擦除效果是不同的。

② 选择"抹到历史记录"选项，系统不再以背景色或透明色填充被擦除的区域，而是以"历史记录"调板中选择的图像状态覆盖当前被擦除的区域。图3-51（a）、（b）、（c）分别是第3章素材3.2素材7原图像、橡皮擦处理后擦除部分显示背景色的处理图像以及选择"抹到历史记录"选项后又被擦除回来的图像。

(a)　　　　　　　　(b)　　　　　　　　(c)

图3-51　原图像及用橡皮擦处理的图像

3.2.4.2　背景橡皮擦工具

背景橡皮擦工具可将被擦除区域的背景色擦掉，被擦除的区域将变成透明，使用背景橡皮擦可以有选择地擦除图像，主要通过设置采样色，然后擦除图像中颜色和采样色相近的部分。背景橡皮擦工具的选项条如图3-52所示。如图3-53（a）、（b）分别为原图像和经过"背景橡皮擦工具"处理的图像。

图3-52　背景橡皮擦工具的选项条

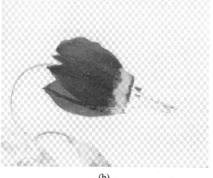

(a)   (b)

图3-53　原图像和经过"背景橡皮擦工具"处理的图像

3.2.4.3　魔术橡皮擦工具

魔术橡皮擦工具是一个具有一定智能化的图像擦除工具，它有着更灵活的擦除功能，操作也更简洁，设置好魔术棒的属性后，只需轻轻地单击鼠标，就可以擦除预定的图像。如图3-54为原图像和经过"魔术橡皮擦工具"处理的图像效果。

图3-54　原图像和经过"魔术橡皮擦工具"处理的图像

3.2.5　渐变和油漆桶工具

3.2.5.1　渐变填充工具

渐变填充工具可以在图像区域或图像选择区域填充一种渐变混合色。此类工具的使用方法是按住鼠标拖动，形成一条直线，直线的长度和方向决定渐变填充的区域和方向。如果在拖动鼠标时按住【Shift】键，就可保证渐变的方向是水平、竖直或成45°角。

Photoshop的渐变工具组包括5种基本渐变工具：线性渐变工具、径向渐变工具、角度渐变工具、对称渐变工具、菱形渐变工具。每一种渐变工具都有其相对应的选项浮动窗口。可以在选项浮动窗口中任意地定义、编辑渐变色，并且无论多少色都可以。线性渐变工具的属性选项框如图3-55所示。

| ▊ ▾ | ▊▊▊▾ | ▯▊◨▨◈ | 模式： | 正常 ▾ | 不透明度： 100% ▸ | □反向 ☑仿色 ☑透明区域 |

图3-55　线性渐变工具的属性选项框

单击线性渐变工具列表中的某种渐变图标，则会出现"渐变编辑器"对话框，可以通过此对话框建立一个新的渐变色或编辑一个旧的渐变色，如图3-56所示。

如果想要创建自定义的渐变样式，单击渐变样式图标弹出"渐变编辑器"对话框，如图3-57所示。

通过添加或者删减色标的数量，然后在不同的位置选择不同的颜色，就可以新建渐变样式。

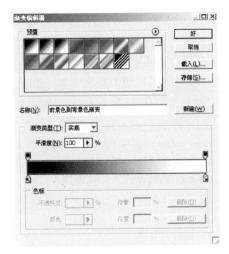

图3-56 "渐变编辑器"对话框

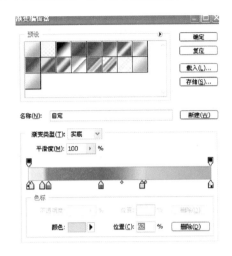

图3-57 自定义渐变样式

新建文件，选择"渐变填充工具"，图3-58为选择不同渐变样式后的效果图。

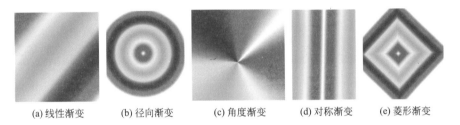

(a) 线性渐变　　(b) 径向渐变　　(c) 角度渐变　　(d) 对称渐变　　(e) 菱形渐变

图3-58 各种渐变形式

3.2.5.2 油漆桶工具

油漆桶工具可以根据图像中像素颜色的近似程度来填充前景色或连续图案。单击工具箱中的油漆桶工具，就会调出油漆桶工具选项浮动窗口，如图3-59所示。

图3-59 油漆桶工具选项浮动窗口

选择油漆桶工具并设置相关参数后，在需要填充颜色或者图案的地方单击，即可填充前景色或图案，如图3-60（a）所示的选区为需要填充的地方，图3-60（b）、(c)为填充颜色和图案后的效果图。

(a)　　　　　　　　(b)　　　　　　　　(c)

图3-60 原图选区、填充颜色和图案效果

3.2.6 修复画笔工具和红眼工具

3.2.6.1 污点修复画笔工具

污点修复画笔工具 与仿制图章工具的功能很相似，用于去除图像中的杂色或污斑。使用此工具不需要采样，只要用此工具在图像中有杂色或污斑的地方单击一下就可以去掉此处的杂色或污斑，在去处杂色的过程中，会与周围的颜色进行自动融合，图3-61为该工具的工具选项条。在击该工具后鼠标会变成一个圆圈，可以在属性中调节其大小，也可以按键盘中的【[】和【]】键来调节其大小；当需要处理的图形比较复杂时，为了不破坏没必要休息的图案可以将需要处理的部位选择起来。图3-62（a）为第3章素材3.2素材8原图像，图3-62（b）为用此工具去除高压线后的效果图。

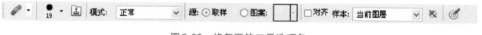

图3-61　污点修复画笔工具选项条

(a)　　　　　　　　　　　　　　　　(b)

图3-62　使用污点修复画笔工具修复前后的效果

3.2.6.2 修复画笔工具

使用修复画笔工具 可以处理有污点或划痕的图像，当然也可以对有皱纹等瑕疵的人物脸部进行修复操作。其工具选项条如图3-63所示。

图3-63　修复画笔工具选项条

使用方法上，修复画笔工具与仿制图章工具相同，只是它们的处理目的不太相同，修复画笔工具是根据源图像的目标位置的明暗、色彩等属性进行融合处理，进而完成图像的修复操作，而仿制图章工具则是"复制"图像到要修复的位置。下面以一个实例来讲解这一用法。

实例操作（六）　用修复画笔工具处理图片

第一步　打开第3章素材3.2素材9，如图3-64所示。

第二步　选择缩放工具，将图像放大，如图3-65所示。

第三步　使用修复画笔工具，按下键盘【Alt】键的同时在人物脸上没有斑点并且颜色同脸部皮肤颜色最接近的皮肤处单击，以获得"取样点"，此时的鼠标指针为带圆圈的十字形，松开键盘【Alt】键，用鼠标在要处理的区域点击，从而获得所采集的图像源点处的图像，最后完成的效果图如图3-66所示。

3.2.6.3 修补工具

修补工具 的作用依然是修复图像，其工作方式是用选区将需要修补的对象范围拖动到完整的区域直到满意为止。像修复画笔工具一样，修补工具会将样本像素的纹理、光照和阴影与源像素进行匹配。这个工具在使用的时候要先选中要修复的区域，所以可以将创建选区的工具和修补工具结合使用，

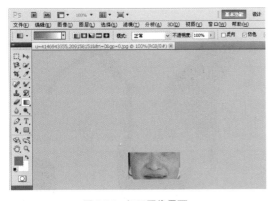

图3-64 打开图像界面

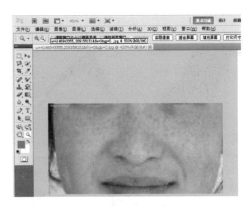

图3-65 放大图像

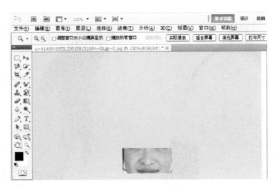

图3-66 处理效果图

先用创建选区的工具来选中要修补的区域，然后再将工具切换到修补工具，来执行修补操作。而且在修补创建选区的过程中，还可以对创建的选区进行加选或者减选操作，其工具选项条如图3-67所示。

图3-67 修补工具选项条

如果在选项栏中选中了"源"，请将选区边框拖动到想要从中进行取样的区域。松开鼠标按钮时，原来选中的区域被使用样本像素进行修补。

如果在选项栏中选定了"目标"，请将选区边界拖动到要修补的区域。释放鼠标按钮时，将使用样本像素修补新选定的区域。

实例操作（七） 用修补工具修除人物胳膊的刺青

第一步 打开第3章素材3.2素材10的图片，如图3-68所示。选择修补工具，并在起工具选项条中选择"源"选项，在胳膊上要修复的刺青区域绘制如图3-69所示的选区。

第二步 将选区拖动到皮肤完美的部位，如图3-70所示，释放鼠标左键，得到如图3-71所示的效果图，取消选区。

第三步 重复前两步的操作，继续在胳膊刺青

图3-68 素材图像

处绘制选区，直到完全去除刺青后得到的如图3-72所示的效果。

图3-69　绘制修补选区

图3-70　拖动鼠标时的状态

图3-71　修补后的效果图

图3-72　修补胳膊刺青后的效果

3.2.6.4　红眼工具

红眼工具 可移去用闪光灯拍摄的人像或动物照片中的红眼，也可以移去用闪光灯拍摄的动物照片中的白色或绿色反光。在以前用老式照相机拍摄的照片常常见到在眼睛处有红色（尤其是在夜间拍摄的照片），这时就可以用红眼工具来进行修复。其工具选项条如图3-73所示。图3-74（a）、（b）分别为第3章素材3.2素材11红眼图像和应用红眼工具处理后的效果。

图3-73　红眼工具选项条

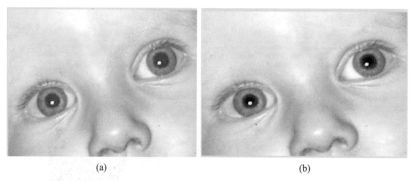

(a)　　　　　　　　　　　　　　(b)

图3-74　红眼图像及应用红眼工具处理后的效果

3.2.7 模糊工具

图3-75　Photoshop 的模糊工具

Photoshop的模糊工具内含3个工具，它们分别是模糊工具、锐化工具、涂抹工具，如图3-75所示。

3.2.7.1　模糊工具

顾名思义，一种通过笔刷使图像变模糊的工具。它的工作原理是降低像素之间的反差。通过对图像进行局部加模糊，按住鼠标左键不断拖动即可操作，一般用于颜色与颜色之间比较生硬的地方加以柔和，也用于颜色与颜色过渡比较生硬的地方。图3-76为模糊工具选项条，图3-77（a）、（b）分别为第3章素材3.2素材12原图像和经过模糊处理的图像。

图3-76　模糊工具选项条

图3-77　素材原图像和经过模糊处理的图像

3.2.7.2　锐化工具

与模糊工具相反，它是对图像进行清晰化，用来增加像素间的对比度，锐化值高，边缘相对会清晰，但是锐化程度太大，会失去良好的效果，使得图像中每一种组成颜色都显示出来，出现花花绿绿的颜色。作用了模糊工具后，再作用锐化工具，图像不能复原，因为模糊后颜色的组成已经改变。图3-78为锐化工具选项条，图3-79（a）、（b）分别为3.2素材12原图像和经过锐化处理的图像。

图3-78　锐化工具选项条

图3-79　素材原图像和经过锐化处理的图像

3.2.7.3 涂抹工具

可以将颜色抹开，好像是一幅图像的颜料未干而用手去抹使颜色走位一样，一般用在颜色与颜色之间边界生硬或颜色与颜色之间衔接不好可以使用这个工具，将过度生硬的颜色柔和化，有时也会用在修复图像的操作中。涂抹的大小可以在右边画笔处选择一个合适的笔头。如图3-80为涂抹工具选项条，涂抹工具的任务栏与前相同，在这里对"手指绘画"加以解释：勾选此项后，可以设定图痕的色彩，好像用蘸上色彩在未干的油墨上绘画一样。图3-81（a）、（b）分别为3.2素材12原图像和经过涂抹处理的图像。

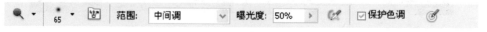

图3-80 涂抹工具选项条

（a） （b）

图3-81 素材原图像和经过涂抹处理的图像

3.2.8 减淡工具

在减淡工具组中包含有3个工具，分别为"减淡"工具、"加深"工具和"海绵"工具，如图3-82所示，使用该工具组中的工具，可以进一步修饰图像的细节。

图3-82 模糊工具

3.2.8.1 减淡工具

减淡工具，也可以称为加亮工具，主要是对图像进行加光处理以达到对图像的颜色进行减淡，在画面曝光不足的情况下使用非常有效。如图3-83为减淡工具选项条。在"范围"下拉式列表包括了3个选项，分别为"阴影"、"中间调"和"高光"。选择"中间调"后，在图像上单击并拖动鼠标，可以减淡图像的中间调区域，若选择"阴影"选项，将只作用于图像的暗调区域；选择"高光"只作用于图像的高光区域；如果使用"减淡"工具在图像上多次单击并拖移鼠标，减淡效果将累加作用于图像。图3-84（a）、（b）为第3章素材3.2素材13原图像和选择"中间调"后的减淡效果。

图3-83 减淡工具选项条

(a)　　　　　　　　　　　(b)

图3-84　素材原图像和选择"中间调"后的减淡效果

3.2.8.2　加深工具

加深工具，与减淡工具相反，也可称为减暗工具，主要是对图像进行变暗以达到对图像的颜色加深，它可以降低图像的亮度，通过加暗来校正图像的曝光度，减淡的范围可以在右边的画笔选取笔头大小。"加深"工具的使用方法与"减淡"工具相同，工具选项栏内的设置及功能键的使用也相同。图3-85（a）、（b）分别为第3章素材3.2素材13原图像和选择"中间调"后的加深效果。

(a)　　　　　　　　　　　(b)

图3-85　素材原图像和选择"中间调"后的加深效果

3.2.8.3　海绵工具

海绵工具可精确地更改图像的色彩饱和度，使图像的颜色变得更加鲜艳或更灰暗。如果当前图像为灰度模式，使用"海绵"工具将增加或降低图像的对比度。单击打开"模式"下拉列表，在下拉列表中包括"加色"和"去色"两个选项。选择"加色"选项后将增强涂抹区域内图像颜色的饱和度，选择"去色"选项将降低涂抹区域内图像颜色的饱和度。图3-86为其工具选项条，图3-87（a）、（b）、（c）分别为第3章素材3.2素材13原图像和选择"去色"、"加色"后的海绵效果。

图3-86　海绵工具选项条

(a)　　　　　　　　(b)　　　　　　　　(c)

图3-87　素材原图像和选择"去色"、"加色"后的海绵效果

053

3.3 其他工具

3.3.1 移动工具

移动工具可以将图像中被选取的区域移动（此时鼠标必须位于选区内，其图标表现为黑箭头的右下方带有一个小剪刀）。移动工具的图标是 ▶╋ 。如果图像不存在选区或鼠标在选区外，那么用移动工具可以移动整个图层。如果想将一幅图像或这幅图像的某部分拷贝后粘贴到另一幅图像上，只需用移动工具把它拖放过去就可以了。移动工具的选项窗口如图3-88所示。图3-89（a）、（b）分别为第3章素材3.3素材1移动前的选区和对选区移动后的效果图。

图3-88　移动工具的选项窗口

(a)　　　　　　　　　　　(b)

图3-89　图像移动前的选区和对选区移动后的效果图

3.3.2 裁切工具

裁切工具是将图像中被裁切工具选取的图像区域保留而将没有被选中的图像区域删除的一种编辑工具。它的基本图标是 ▢ 。可以单击工具箱窗口中的裁切工具调出裁切工具选项窗口，如图3-90所示。在选项浮动窗口中可分别输入宽度和高度值，并输入所需分辨率。这样在使用裁切工具时，无论如何拖动鼠标，一旦确定后，最终的图像大小都将和在选项浮动窗口中所设定的尺寸及分辨率完全一样。图3-91（a）、（b）分别为第3章素材3.3素材2原图像和裁切处理后的效果图。

图3-90　裁切工具选项窗口

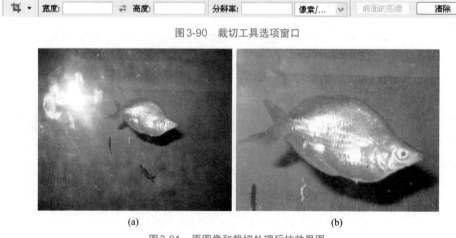

(a)　　　　　　　　　　　(b)

图3-91　原图像和裁切处理后的效果图

3.3.3　抓手工具

抓手工具是用来移动画面使能够看到滚动条以外图像区域的工具。抓手工具与移动工具的区别在于：它实际上并不移动像素或是以任何方式改变图像，而是将图像的某一区域移到屏幕显示区内。可双击抓手工具，将整幅图像完整地显示在屏幕上。如果在使用其他工具时想移动图像，可以按住【Ctrl】+空格键，此时原来的工具图标会变为手掌图标，图像将会随着鼠标移动而移动。调出抓手工具选项浮动窗口，如图3-92所示。

图3-92　抓手工具选项浮动窗

3.3.4　缩放工具

缩放工具是用来放大或缩小画面的工具，运用改工具可以非常方便地对图像的细节加以修饰。可以选择工具箱中的缩放工具时同时在图像中单击鼠标，图像就会以单击点为中心放大2倍，最大可放至16倍。如果在单击时按着【Ctrl】键，则图像会以2、3、4、5…16倍缩小。如果双击工具箱中的缩放工具，图像就会以100%的比例显示。在放大镜工具选项浮动窗口中可选择"调整窗口大小以满屏显示"选项，这样当使用缩放工具时，图像窗口会随着图像的变化而变化，如果不选此项，则无论图像如何缩放，窗口的大小始终不变，除非用鼠标单击窗口右上角的调节框。图3-93（a）、（b）分别为第3章素材3.3素材3原图像和被局部放大的图像。

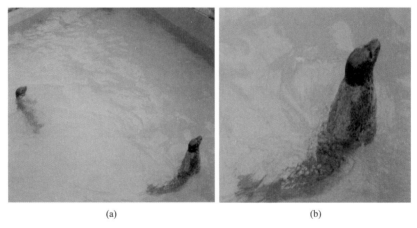

(a)　　　　　　　　　　　　　　(b)

图3-93　原图像和被局部放大的图像

3.3.5　钢笔工具

Photoshop提供多种钢笔工具。标准钢笔工具 🖋• 可用于绘制具有最高精度的图像，是非常强大的图形绘制工具；自由钢笔工具 🖋• 可用于像使用铅笔在纸上绘图一样来绘制路径；其工具选项条如图3-94和图3-95所示。其中的添加锚点工具 🖋•、删除锚点工具 🖋 和转换点工具 ▶ 则是用来在路径上添加锚点、减少锚点和转换路径的线型。其具体用法在后面的路径章节中详细讲解。

图3-94　钢笔工具选项条

图3-95　自由钢笔工具选项条

3.3.6　文字工具

Photoshop中的文字处理工具通过把文字添加到图像中，对文字进行特殊效果的处理，使处理的图片更加丰富多彩。Photoshop文字工具有四种：横排文字工具 T·、直排文字工具 IT·、横排文字蒙板工具 T· 和直排文字蒙板工具 IT·。通过这些工具，可以实现在图像输入水平文字、输入垂直文字、创建文字型选区、横排文字与直排文字的转换等，其具体用法在后面的章节编辑文字中会详细讲解。

3.3.7　路径选择工具

在Photoshop中可以使用两种工具来完成路径的选择操作，即路径选择工具 ▶· 和直接选择工具 ▶。路径选择工具用来选择一个闭合的路径或是一个独立存在的路径，直接选择工具可以选择任何路径上的锚点。其具体用途和使用方法在后续章节路径中详细介绍。

3.3.8　形状工具

Photoshop的形状工具组包括矩形工具 □、圆角矩形工具 □、椭圆工具 ○、多边形工具 ○、直线工具 ／ 和自定义形状工具 ✿ 等，属于最基本的造型工具，利用这些形状工具可以非常方便地创建各种规则的几何形状或路径。其用法在后面章节路径中详细介绍。

3.3.9　对象旋转工具

Photoshop对象旋转工具应为3D对象旋转工具，对象旋转工具用于旋转或者调整3D图层中的对象（立方体、球体、锥形等3D图形）。3D旋转工具包括：旋转、滚动、平移、滑动、比例等5个工具。有了这些工具，可以随意调整3D模式的角度、位置、比例等，方便查看或编辑。其选项工具条如图3-96所示。

图3-96　对象旋转工具选项条

3.3.10　相机旋转工具

3D相机工具也包括：旋转、滚动、平移、移动、缩放等5个工具，这组工具跟对象旋转工具类似，也是用来任意旋转3D模型的角度，方便查看各个立体面的材质纹理及光感等。可以更好、更详细地了解当前立体图形的构造。其选项工具条如图3-97所示。

图3-97　相机旋转工具选项条

1.实例演练

① 打开第3章素材3.2素材2和3.4素材1两幅图像，如图3-98和图3-99所示。使用"图像"菜单的

"图像大小"命令调整它们的大小，使它们大小差不多。

图3-98　玫瑰花图像

图3-99　蝴蝶图像

② 切换到蝴蝶图像，打开"图层"面板，双击背景层，调出一个"新建图层"对话框，直接单击"确定"按钮，将背景层转换为普通层。如图3-100所示。

③ 使用魔术棒工具 在蝴蝶图像中的空白处单击，选中空白部分，然后按【Delete】键删除，然后按【Ctrl】+【D】组合键取消选区。效果如图3-101所示。

图3-100　"新建图层"对话框

图3-101　使用魔术棒处理效果

④ 将前景色设为白色，背景色为黑色。在工具箱中选择放射渐变工具并双击，打开它的选项面板，在渐变下拉列表中选择从前景色到背景色，并选中"反向"选项。

⑤ 按【Q】键，切换到快速蒙版模式，然后使用鼠标从蝴蝶图像中心向外拖曳。如图3-102（a）、（b）所示。

（a）

（b）

图3-102　使用渐变过程

图3-103　形成选区

⑥ 再按【Q】键切换回标准模式，此时图像中有一个圆形的选区，如图3-103所示。按【Ctrl】+【C】组合键复制。注意此时复制的图像不仅仅为圆形选区中的内容，而是整个图层。

⑦ 切换到红花图像，按【Ctrl】+【V】组合键进行粘贴，具有渐变效果的蝴蝶图像将被粘贴到新图层中。

⑧ 在"图层"面板中单击背景层的眼睛图标，将其暂行关闭。此时可清楚看到一个具有从中心向四周渐变效果的蝴蝶图像。中心为完全不透明，越往外则越透明。如图3-104所示。

⑨ 打开背景层，并使用图层菜单的拼合图层命令合并图层，完成渐变效果的制作。最终效果如图3-105所示。

图3-104　透明背景蝴蝶效果

图3-105　最终效果

2.单项选择题

（1）Photoshop中利用背景橡皮擦工具擦除图像背景层时，被擦除的区域填充什么颜色？（　　　）

　A. 黑色　　　　　　　　B. 透明　　　　　　　　C. 前景色　　　　　　D. 背景色

（2）Photoshop中利用仿制图章工具操作时，首先要按什么键进行取样。（　　　）

　A. Ctrl　　　　　　　　B. Alt　　　　　　　　C. Shift　　　　　　　D. Tab

（3）Photoshop中可以根据像素颜色的近似程度来填充颜色，并且填充前景色或连续图案的工具是下列哪一个。（　　　）

　A. 魔术橡皮擦工具　　　　　　　　　　　　B. 背景橡皮擦工具

　C. 渐变填充工具　　　　　　　　　　　　　D. 油漆桶工具

（4）Photoshop中当使用魔棒工具选择图像时，在"容差"数值输入框中，输入的数值是下列哪一个所选择的范围相对最大。（　　　）

　A. 5　　　　　　　　　B. 10　　　　　　　　C. 15　　　　　　　　D. 25

（5）Photoshop中执行下面哪一项操作，能够最快在同一幅图像中选取不连续的不规则颜色区域。（　　　）

　A. 全选图像后，按【Alt】键用套索减去不需要的被选区域

　B. 用钢笔工具进行选择

　C. 使用魔棒工具单击需要选择的颜色区域，并且取消其"连续的"复选框的选中状态

　D. 没有合适的方法

（6）Photoshop中下面对多边形套索工具的描述，正确的是（　　）。

A. 多边形套索工具属于绘图工具

B. 可以形成直线型的多边形选择区域

C. 多边形套索工具属于规则选框工具

D. 按住鼠标键进行拖拉，就可以形成选择区域

（7）Photoshop中在使用仿制图章复制图像时，每一次释放左键后再次开始复制图像，都将从原取样点开始复制，而非按断开处继续复制，其原因是下列哪一项。（　　）

A. 此工具的"对齐的"复选框未被选中

B. 此工具的"对齐的"复选框被选中

C. 操作的方法不正确

D. 此工具的"用于所有图层"复选框被选中

（8）下列哪种工具能够将图案填充到选区内。（　　）

A. 画笔工具　　　　　　　　　　　　B. 图案图章工具

C. 橡皮图章工具　　　　　　　　　　D. 喷枪工具

3. 操作题

（1）将Photoshop提供的画笔都载入"画笔"调板中，使用各种画笔绘制图像体会各种画笔的效果，最后再将"画笔"调板恢复到默认设置。

（2）打开一幅图像，练习使用仿制图章工具和图案图章工具复制图像。

（3）打开一幅图像，练习使用魔术棒和套索工具来选中选区。

（4）练习新建渐变样式，并新建一个文件，用各种渐变样式和渐变方式在文件上完成渐变过程，比较其不同效果。

（5）练习使用橡皮擦工具来修饰图像。

编辑图像

【导语】编辑图像是 Photoshop 中的一个基础的功能，也为更深入的操作做准备。本章主要讲解了关于编辑图像的菜单命令和工具的操作，掌握这些编辑图像的操作知识也就掌握了 Photoshop 处理图像的基本方法。

知识目标
- 掌握编辑图像的基本命令
- 掌握编辑图像的基本操作
- 掌握编辑图像的基本方法

能力目标
- 能应用基本的编辑图像的命令
- 能对图像进行基本的编辑处理

案例描述

　　本案例通过用编辑图像的多种操作方法、工具及基本命令实现图像的组合，具体用到了图像部分的选取、剪切、粘贴、旋转、放大等功能。通过实际的操作，使大家在实例练习的过程中，能够更容易的掌握编辑图像的工具并熟练使用。

案例评析

　　通过图文并茂的案例，使学生在掌握编辑图像的技能的同时，对深入学习 Photoshop 与其他同类型的软件有相当重要的理论与技能铺垫的作用。

4.1.1　返回命令

　　Photoshop 软件提供的"恢复"操作，允许恢复上一步的操作，因此当出现误操作时，可以选择菜

单"编辑"中的"恢复"命令（图4-1），或者按【Ctrl】+【Z】组合键来恢复上一步的操作。如果选择菜单"编辑"中的"清空"命令中的"恢复"选项后，将不能使用"恢复"命令。

4.1.2　历史记录

　　Photoshop有一个历史记录的窗口，记录了最近20步的操作。如果找不到这个窗口，可以从菜单栏的窗口那里寻找到。可以用【Ctrl】+【K】组合命令打开首选项对话框（图4-2），修改历史记录保存的次数，默认是20次。如果机器性能一般的话，建议不要修改。

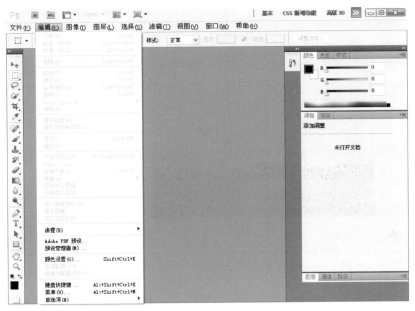

图4-1

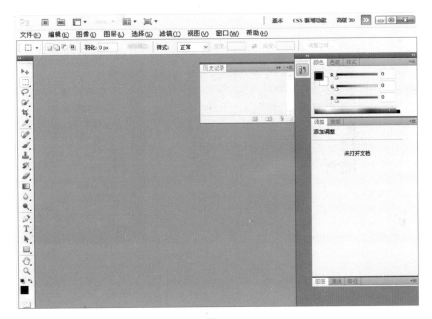

图4-2

4.1.3 图像的拷贝剪切与粘贴

打开要进行操作的图像（见第4章素材4.1素材1），在要复制的图像中选取一个区域，如图4-3所示，单击"编辑"→"拷贝"命令，或者【Ctrl】+【C】组合键，将选中范围拷贝到剪贴板。打开需要粘贴的图像（见第4章素材4.1素材2），如图4-4所示，单击"编辑"→"粘贴"命令，或按下【Ctrl】+【V】快捷键，粘贴剪贴板中的图像，粘贴后如图4-5所示。

图4-3

图4-4

粘贴后，在图层（Layers）控制面板中会出现一个新的图层，其名称会自动命名，并且粘贴后的图层成为当前作用的图层。如图4-6所示。

如果要执行剪切，则需在第二步时执行"编辑"→"剪切"命令或按下【Ctrl】+【X】组合键即可。剪切后将选取范围的图像去掉，放入剪切板，所以剪切区域内的图像会消失，并填入背景色。如图4-7所示。

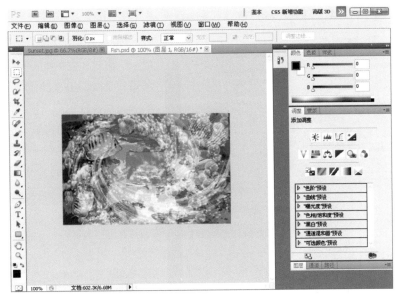

图 4-5

图 4-6

图 4-7

图 4-8

4.1.4 图像的消褪

Photoshop 中还有一个非常有用的功能——消褪（也有些版本写成渐隐）。它的意思就是减弱上次操作对图片的作用。比如对图片执行了高斯模糊的操作，后来又觉得这个模糊太厉害了，想减轻一点效果，则可以执行"编辑"→"消褪"，调节不透明度，就可以对高斯模糊进行一定程度的减弱，如图 4-8 所示（见第 4 章素材 4.1 素材 3）。

4.1.5 粘贴入命令

粘贴入，与粘贴命令不同的是，在使用这个命令之前，必须选定一个范围，然后粘贴所选图层，执行该命令后，粘贴的图像仅显示在这个范围内（如图 4-9 所示）。

图 4-9

4.2 填充

填充，就是在指定区域内填入颜色、图案或快照。这个命令有些类似于工具箱中的油漆桶工具，不同的是油漆桶工具只能填入颜色而不能填入填充图案等内容。填充方法如下。

图 4-10

图 4-11

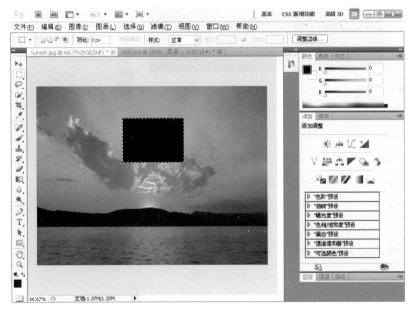

图 4-12

① 在图像中选择一个范围，如图4-10所示。

② 然后单击"编辑"→"填充"命令，将打开如图4-11所示的对话框。

对话框中的各项意义如下。

"内容"：在"使用"列表框中选择填充的内容。可选的有景色、背景色、图案、历史记录、黑色、50%灰色和白色。当用户选择图案时，自定义图案选框将被激活，用户可以选择相应的图案。

"混合"：用于设置不透明度和色彩混合模式。

"保留透明区域"：对图层进行填充时，可以保留透明的部分不填入颜色，这个选项只有对透明的图层进行填充时才有效。

选择好后，单击"确定"按钮即可完成填充，填充后的效果如图4-12所示。

4.3 描边

描边命令可以为选择的范围或图层制作出边框，达到一些特殊效果。操作方法如下。

图4-13

与填充命令类似，首先选择一个区域或图层（图4-13），然后单击"编辑"→"描边"命令打开"描边"对话框（图4-14）。其中各个选项的意义如下。

"描边"：在此选项组中，"宽度"文本框用于填入一个数值以确定描边的宽度。其值的范围为1～16。"颜色"用于选择描边的颜色。

"位置"：用于设置描边的位置，用于设置描边的位置，可选得有内部、居中、居外。

"混合"：用于设置描边的色彩混合模式和不透明度。

设置完成后，单击"确定"按钮。描边的效果如图4-15所示。

图 4-14

图 4-15

    打开菜单栏的"编辑",会看到自由变换和变换这两个选项,如图4-16所示(图像见第4章素材4.4素材1)。变换下面还有更多的选项可以选择,其实变换里面的功能都可以用自由变换结合快捷键的操作来实现。或者选中图像要变形的部分或者整个图像。按【Ctrl】+【T】快捷命令,这时对象会被一个矩形变形框罩住。在此前提下就可以对选择对象做各种变形操作。

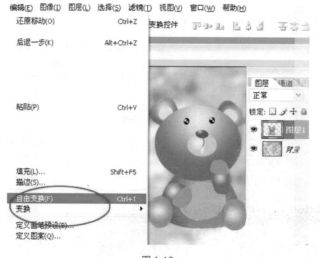

图4-16

4.4.1　缩放

选择"编辑"→"变换"→"缩放"，可以对图像进行缩放。也可以按【Ctrl】+【T】快捷命令后，将鼠标左键对准变形框四周的小方框，向外拖拽为放大，向内拖拽为缩小。但这种缩放往往是非比例的，容易使对象产生变形。

如果要按比例进行缩放，要先按住【Shift】键，然后对准变形框的四个角上的小方框向外或向内拖拽（但一定不能对准中间的小方框，否则该命令无法按比例缩放）。完成后在选择框内双击鼠标去掉变形框，或者按回车键取消变形框。如图4-17所示。

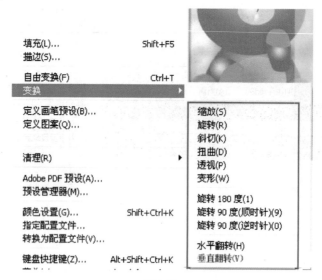

图4-17

4.4.2　旋转

选择"编辑"→"变换"→"旋转"，可以对图像进行旋转。变换工具的属性栏如图4-18所示。

旋转的时候，可以直接在角度这里输入角度，进行精确的旋转。也可以按住图像上变换框的四个角，进行旋转。同时按住【Shift】键进行旋转，即按照15°旋转。

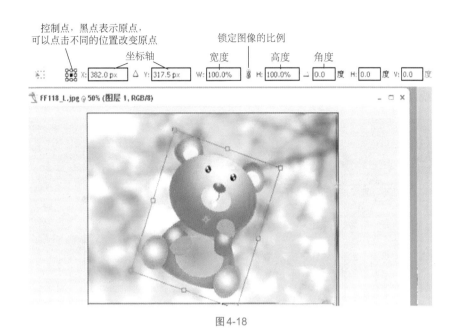

控制点，黑点表示原点，可以点击不同的位置改变原点

锁定图像的比例

坐标轴　　　　宽度　　　　高度　　　角度

图4-18

4.4.3　斜切

　　选择"编辑"→"变换"→"斜切"，可以对图像进行斜方向的变换。也可以按【Ctrl】+【T】快捷命令，然后按住【Ctrl】键，对图像进行斜切变换，如图4-19所示。

变换时，按住四个角进行拖动时的斜切

变换时，将鼠标置于变换框的外面，会出现不同的变换模式，大家可以自己尝试

图4-19

4.4.4 扭曲

选择"编辑"→"变换"→"扭曲",可以对图像进行扭曲。或者按【Ctrl】+【T】快捷命令后,按【Ctrl】键,鼠标对着选择框四个角中的任意一角,上下左右拖拽即可。完成后在选择框内双击鼠标去掉变形框,或者按回车键取消变形框。如图4-20所示。

图4-20

4.4.5 透视

选择"编辑"→"变换"→"透视",可以对图像进行透视。拉动四个角就可以变换不同的透视角度。如图4-21所示。

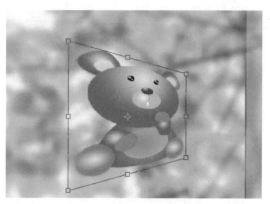

图4-21

4.4.6 旋转90度和180度

首先,选中要旋转的图像部分,然后点击"编辑"下拉菜单里的"变换"当中的"旋转90度"和

"旋转180度"（图4-17）。

4.4.7　水平翻转

如果点击"编辑"下拉菜单里的"变换"当中的"水平翻转"（图4-17），就可以对图片实现水平翻转。

4.4.8　垂直翻转

如果点击"编辑"下拉菜单里的"变换"当中的"垂直翻转"（图4-17），就可以对图片实现垂直翻转。

当选择绘图工具时，此时工具栏变为画笔工具的参数，如图4-22所示。

图4-22

设置好相关参数后，从中就可以选择不同大小和类型的画笔。如果设置的画笔不能满足用户的需求，可以更改画笔的设置。

① 在工具箱中选中绘图工具画笔，单击工具栏中切换到画笔调色板按钮，弹出如图4-23所示的"画笔"控制面板。

② 选择要设置的画笔，单击"画笔笔尖形状"按钮，如图4-24所示，在其中可以设置画笔直径、角度、圆度等。

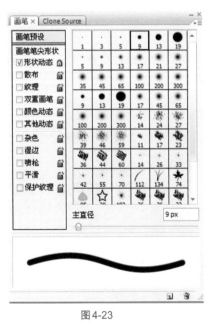

图4-23

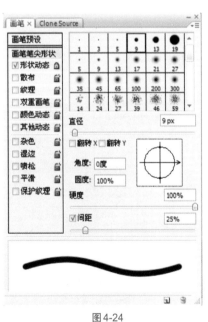

图4-24

③ 拖动"直径"滑杆上的滑块调节画笔的直径，也可以直接在文本框中输入画笔的直接数值，单位是像素，取值范围是1～2500。

④ 可以在"角度"文本框中嵌入–180～180的值来指定画笔的角度，或者拖拽其左侧方框中的箭头进行调整。

⑤ 在"圆度"文本框中可以输入0～100%大小的数值，该数值用于控制椭圆型画笔长轴和短轴的比例，也可以用鼠标拖拽其左侧方框内的两个原点来调整。

⑥ 在"硬度"文本框中输入0～100%的数值，该数值用来控制画笔边界的柔和程度，也可以拖拽"硬度"下面的滑块调整硬度。

打开一个图像（第4章素材4.1素材1），用矩形选框工具选择一个需要的范围，如图4-25所示。

图4-25

单击"编辑"→"定义图案"命令，打开"图案名称"对话框，选择用户所需要的名字，如图4-26所示。

图4-26

① 在对话框中输入名字，默认名字为图案1、图案2等，依次排列。单击"确定"按钮即可。

② 定义好图案后，就可以在填充命令中使用。选择"图案"，打开自定义图案下拉菜单，如图4-27所示。

图 4-27

③ 在其中选择刚才定义的图案，单击"确定"按钮，填充后的效果如图4-28所示。

图 4-28

4.7 擦除和修复图像

　　在Photoshop工具栏中有一个橡皮的按钮"橡皮擦工具"，点击这个按钮可以擦除不需要的图像，如图4-29所示。在Photoshop工具栏中有"污点修复画笔工具"按钮，点击这个按钮可以对错误擦除的图像进行补救。如图4-30所示。素材图像参见第4章素材4.1素材1。

图4-29

图4-30

1.实例演练

利用椭圆和矩形工具绘制出照片边框的锯齿，然后通过复制、旋转等方法制作出一个旧照片的边框效果。如图4-31所示。

图4-31

① 新建一个800×800像素的文件，如图4-32所示。并执行【Alt】+【Del】快捷命令将其背景色设为黑色，如图4-33所示。

图4-32   图4-33

② 使用椭圆工具、矩形工具绘制图形，并将矩形旋转至如图4-34所示。然后将圆形和方形进行链接，再使用矩形选框工具将图形下半截删除，得到锯齿状如图4-35所示。

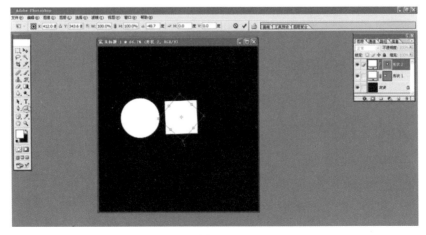

图4-34

③ 复制锯齿，将其组合成边框。如图4-36所示。

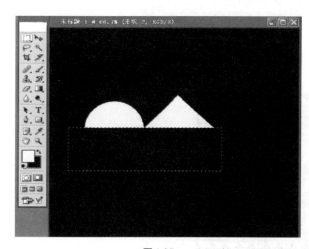 

图4-35   图4-36

④ 插入照片（见第4章素材4.8素材1），得到最终效果。如图4-37所示。

图4-37

2.单项选择题

（1）进行移动、复制、删除等操作前首先应（   ），否则所做操作将被应用于全图像范围。

　A. 将鼠标指向操作对象　　　　　　　　　　　B. 选择操作对象

　C. 什么也不做

（2）要制作重复的图案，可以采用（   ）方法进行。

　A. 反复进行"复制"、"粘贴"的操作

　B. 首先定制图案，然后使用填充或印章等工具进行操作

　C. 没有可行方法

（3）使用"测量"工具进行测量时，得到的距离数值是以（   ）为单位。

　A. pixels　　　　　　　　　　B. cm　　　　　　　　　　C. inch

3.操作题

（1）利用渐变工具实现图片的转变素材如图4-38（a）所示，参见第4章素材4.8素材2。

（2）制作简易黑白字（图4-39）。

（a）修改前

（b）修改后

图 4-38

图 4-39

图层

【导语】图层的概念在Photoshop中非常重要，它是构成图像的重要组成单位，许多效果可以通过对层的直接操作而得到，用图层来实现效果是一种直观而简便的方法。本章主要讲解了关于图层及蒙版的基本操作，掌握图层及蒙版的操作知识也就掌握了Photoshop处理图像的基本方法。

知识目标
- 掌握图层的基本操作
- 掌握蒙版的基本操作
- 掌握图层组及图层样式的基本操作

能力目标
- 能应用图层的基本操作
- 能应用蒙版的基本操作
- 能应用图层组及图层样式的基本操作

案例描述

　　本案例用图层以及蒙版的基本操作实现对图像的叠加操作，具体用到了套索、选区、图层叠加等一些基本操作实现。通过实际的操作，使大家在实例练习的过程中，能够更容易的掌握图层及图层蒙版的工具并熟练使用。

案例评析

　　通过图文并茂的案例，使其在掌握图层及蒙版的技能的同时，对深入学习Photoshop与其他同类型的软件有相当重要的理论与技能铺垫的作用。

图层功能是从Photoshop 3.0开始引入的，经过几次更新换代，图层的功能得到了长足的发展和完善。Photoshop的图层和图像编辑有着密切的关系，在执行编辑操作时，只对当前选择的图层有效。

从物理角度说，图层就好比是一张透明的纸，透过这层纸，可以看到纸后面的东西。而且无论在这层之上如何涂画，都不会影响到其他图层中的图像。但是，由于图层是以层叠方式堆放的，所以当在图层中填入颜色或者绘制图形后，这层中的图像就会遮盖这层下面图层中的图像，如果用橡皮擦工具将该层擦除，又会显示出其下面图层中的图像内容。

5.2 图层的基本操作

5.2.1 新建图层

在实际的创作中，经常需要创建新的图层来满足设计的需要，单击图层控制面板中的"创建新图层"按钮，新建一个空白图层，这个新建的图层会自动依照建立的次序命名，第一次新建的图层为"图层1"，如图5-1所示。

5.2.2 选择图层

选择图层只要用鼠标点击图层，就选中了，如果要多选，就按住【Ctrl】键进行连续的选择。还有一种选择方式就是直接在画面上进行选择。如图5-2所示（见第5章素材5.2素材1），要选择太阳，就在太阳上点鼠标右键，就会出现"太阳"、"天空"；"图层0"这样的字样，选择"太阳"，就选择了太阳图层。而"天空"和"图层0"，都是在"太阳"图层之下的。

图5-1

图5-2

5.2.3 复制图层

复制图层最简单的方法是选取要复制的图层，拖动选中图层到图层控制面板底部的"创建新图层"按钮上，通过这种方法创建的新图层采用默认的图层名称。

复制图层也可以采用"图层"→"复制图层"命令，如图5-3所示（素材见第4章素材4.1素材1），其步骤如下。

图5-3

① 在"图层"控制面板中选取要复制的图层。

② 单击菜单命令"图层"→"复制图层"弹出如图5-4所示的"复制图层"对话框。

③ 在"为"文本框中输入复制新图层的名称，默认的名称是原来图层后面加"副本"。

④ 在"目标"框架中的"文档"列表中选取复制图层的目的地。

⑤ 单击"确定"按钮，图层复制完成。

5.2.4 删除图层

要删除图像中的某个图层，在"图层"面板中选择该图层，单击"图层"面板底部的"删除图层"按钮，弹出如图5-5所示的对话框。

图5-4

图5-5

单击"是"按钮即可将该图层删除。或者可以将图层直接拖到"删除图层"按钮上也可以删除该图层，此时不会弹出警告提示对话框，直接删除图层。选择图层后，单击菜单"图层"→"删除"→"图层"命令也可以删除选择的图层。

5.2.5 重命名图层

双击图层的名称，可以对图层的名称进行修改。如图5-6所示。

5.2.6 显示或隐藏图层

每个图层，都有一个图层缩略图和图层名称。在图层前面有个眼睛的标志，按一下可以关闭图层，该图层就不显示了。再按一下就打开图层，图层就显示了。如图5-7所示。

图5-6

图5-7

5.2.7 锁定图层

Photoshop提供了锁定图层的功能，使它在编辑图像时不受影响，给编辑图像带来方便。打开"图层"控制面板如图5-8所示，其中"锁定"选项中的4个复选框用于锁定图层内容。

图5-8

锁定透明区域：选中该复选框会将透明区域保护起来。因此在使用绘图工具绘图时，只对不透明的部分起作用。

锁定图层和透明区域：选中该复选框可以将当前图层保护起来，不受任何填充、描边及其他操作影响。所以在这一图层上无法使用绘图工具，绘图工具在该图像窗口中显示为不可用图标。

锁定编辑动作：选中后，不能够对选定的图层进行移动、旋转、翻转和自由变换等操作。但是可以对图层进行填充和其他操作。

锁定全部：将完全锁定这一图层，此时任何绘图操作、编辑操作（包括删除图层、色彩混合模式、不透明、滤镜功能和色彩、色调调节等功能）都不能在当前图层使用。而只能在"图层"面板中调整这一层的次序。

5.2.8 更改图层的顺序

在实际制图过程中，根据作图需要，常常需要改变图层的排放次序。更改一个图层排放顺序最简单的方法是在"图层"控制面板中选中该图层，拖动它到想要放置的位置，松开鼠标即可。

图 5-9

另外，要把某个图层移到特定位置时，可以使用"排列"菜单命令。

① 在"图层"控制面板中选取要移动的图层。

② 单击菜单"图层"→"排列"，弹出如图5-9所示子菜单。该菜单中包含4个选项，具体如下。

置为顶层：执行该选项，可以将该选项的图层移到整个图像的顶层。

前移一层：执行该项，可以将该选项的图层向上移动一层。

置为底层：执行该选项，可以将所选取的图层移到最底层，但是在"背景"层之上，在其他任何层之上。

后移一层：执行该项，可以将所选的图层向下移动一层。

在图层中，图层蒙版起到了隐藏或者显示图像区域的作用，通俗地说，图层蒙版用来遮盖不要的图像的。

5.3.1 创建图层蒙版

首先打开一个图片，选择一个图层，单击"图层"调板底部的"添加图层蒙版"按钮如图5-10所示，为这个图层添加图层蒙版，如图5-11所示。

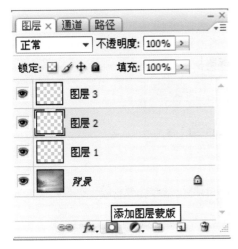

图 5-10

图 5-11

5.3.2 编辑图层蒙版

编辑图层蒙版需要插入图。要删除调整效果或填充的区域，请将图层蒙版涂上黑色。要添加调整效果或填充的区域，请将图层蒙版涂上白色。要部分删除调整效果或填充以便使其各种透明度显示，可将图层蒙版涂上灰色。如图5-12所示。

5.3.3 删除图层蒙版

用鼠标将蒙版的缩览图拖放到图层面板的"删除图层"按钮上，在弹出的提示框中单击"删除"按钮即可。如图5-13所示。

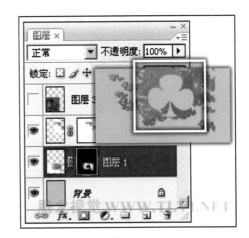

图 5-12

5.3.4 查看与停用图层蒙版

如果要停用图层蒙版，按住【Shirt】键并单击图层调板中的图层蒙版缩览图就可以使图层蒙版停用（图5-14），再次单击该图层蒙版又可以启用图层蒙版。如果通过图层菜单命令要停用或启用图层蒙版，首先要选择该图层，然后选取"图层"→"图层蒙版"→"停用"或"图层"→"图层蒙版"→"应用"，如图5-15所示（素材见第4章素材4.1素材1）。当蒙版处于禁用状态时，"图层"调板中的蒙版缩览图上会出现一个红色的×，并且会显示出不带蒙版效果的图层内容。

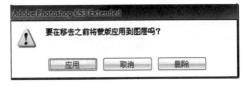

图 5-13

图 5-14

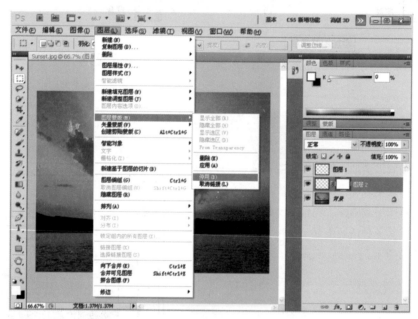

图 5-15

5.4　图层组

　　如果内存或磁盘空间允许的话，Photoshop 可以在一幅图像中创建将近8000 个图层，而在一幅图像中创建数十个或者上百个图层后，就很难在"图层"控制面板中找到需要的图层了，因此需要对不同类型的图层进行分类，以便于修改和查找。为此 Photoshop 专门提供了管理图层的功能，即图层组。使用图层组就像是使用"资源管理器"创建文件夹一样，可以在"图层"控制面板中创建图层组，以便存放图层。

5.4.1　新建图层组

　　要创建一个图层组，只要在"图层"控制面板底部单击"创建新组"按钮，就可以在当前图层上

方建立一个图层组，如图5-16所示。还可以单击菜单命令
"图层"→"新建"→"组"或在"图层"控制面板菜单中
单击"新建组"命令来创建图层组。

5.4.2　复制与删除图层组

选中要复制的图层组，然后选取菜单栏里的"图层"，
点击下拉式菜单选择"复制组"就可以执行复制图层组的
命令，如图5-17所示（素材见第4章素材4.1素材1）。同样
要是删除图层组就选择图层下拉式菜单中的删除项就可以
把不需要的图层组删除，如图5-18所示。

图 5-16

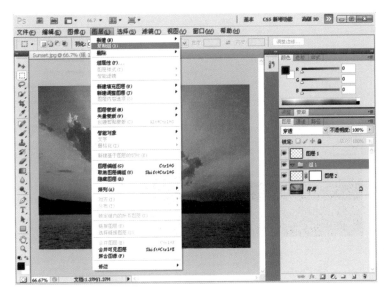

图 5-17

图 5-18

5.5 图层链接与合并

5.5.1 对齐链接图层

这里举例来说明几种排列与分布链接图层的方法及其效果。

① 打开图像（第4章素材4.1素材1），如图5-19所示。

② 在图层控制面板中，按住【Shirt】键选中图层1、图层2图层，然后点击图层控制面板最下端第一个按钮"链接图层"，这样图层1、图层2就链接起来了。如图5-20所示。

③ 单击菜单命令"图层"→"对齐"，弹出如图5-21所示的子菜单。在此菜单中，各个子菜单的意义如下。

图 5-19

图 5-20

顶对齐：使链接图层的最顶端与当前图层的最顶端对齐。

垂直中心对齐：使链接图层的垂直方向的中心像素与当前作用图层的垂直方向的中心点对齐。

底边对齐：使所有链接图层按当前图层的最大底端边界对齐。

左对齐：使链接图层最左端的像素与当前图层最左端像素对齐。

图 5-21

水平中心对齐：使链接图层的水平方向的中心像素与当前作用图层的水平方向的中心点对齐。

右对齐：使链接图层最右端的像素与当前图像最右端的像素对齐。

④ 单击"图层"→"链接图层"子菜单中的一个命令，完成对齐链接图层。

5.5.2 合并可见图层

在图像中要合并多个图层时可以使用该命令。使用命令时，首先确保当前层是打开的，将不需要合并的图层隐藏。单击"图层"→"合并可见图层"或者"图层"面板菜单中的"合并可见图层"命令即可将所有可见的图层统统合并到当前的作用层上。如图 5-22 所示。

图 5-22

5.5.3 合并选中图层

如果想合并所有图层，就按【Ctrl】+【Shift】+【E】键，如果想合并其中两个或几个，就在图层的眼睛图标后面点一下，然后按下【Ctrl】+【E】键就可以了。

在Photoshop中，可以为图层的图像和文字，加上各种各样的效果。这就是图层样式。Photoshop已经预置了很多样式。打开样式面板就可以看到，如图5-23所示。和自定义形状面板的操作相似，也可以在网上下载样式文件，载入Photoshop中。

5.6.1 混合选项

也可以来自行制作图层样式。在图层上点鼠标右键，选择"混合选项"，如图5-24所示，或者单点图层面板下面的"fx"按钮。

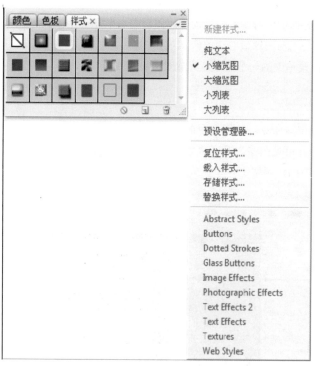

图 5-23

图 5-24

这样就可以打开"图层样式"对话框如图5-25所示。通过设置就可以定义一个图层样式了。

5.6.2 显示或隐藏图层样式

设置好这个图层样式后，图层控制面板会显示如图5-26所示，在每个图层效果名称前面都有一个眼睛图标，如果不想显示这个图层样式就单击眼睛图标，反之，如果想看到这个样式也是单击眼睛图标就可以看到了。

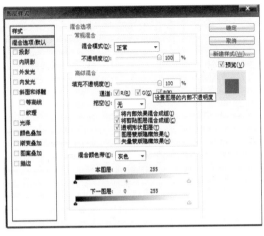

图5-25　　　　　　　　　　　　　　　图5-26

5.6.3　拷贝与粘贴图层样式

用户可以将某一图层中的图层样式复制到另一个图层中，这样既省去重设效果的麻烦，又加快了操作速度，具体方法如下。

选中某图层，单击右键，在弹出的菜单中单击"拷贝图层样式"命令，如图5-27所示。或者选择"图层"→"图层样式"→"拷贝图层样式"命令。

选择要粘贴图层样式的图层，单击右键，在弹出的快捷菜单中单击"粘贴图层样式"命令，如图5-28所示。或者选择"图层"→"图层样式"→"粘贴图层样式"命令即可。

5.6.4　清除图层样式

当不需要某图层样式时，可以将它删除，具体方法是：选择需要删除图层样式的图层，单击右键，在弹出的快捷菜单中单击"清除图层样式"命令，如图5-29所示；或者选择"图层"→"图层样式"→"清除图层样式"命令。

图5-27　　　　　　　图5-28　　　　　　　图5-29

图 5-30

5.6.5　缩放图层样式

选择"图层"→"图层样式"→"缩放图层效果"命令，可打开如图 5-30 所示对话框。设置缩放参数后，单击"确定"按钮即可。

5.7　填充图层和调整图层

5.7.1　填充图层

举例来说明填充图层。

① 新建一幅图，利用文字工具在图像文件中输入文字，如"图层"，然后建立文字选取范围，如图 5-31 所示。

图 层

图 5-31

② 单击菜单"图层"→"新建填充图层"命令，打开如图 5-32 所示的子菜单，在其中选择一种填充图层的类型。或者也可以在"图层"控制面板中单击"创建新的填充层或调整层"按钮，弹出如图 5-33 所示的菜单，从中选择一种填充图层的类型。

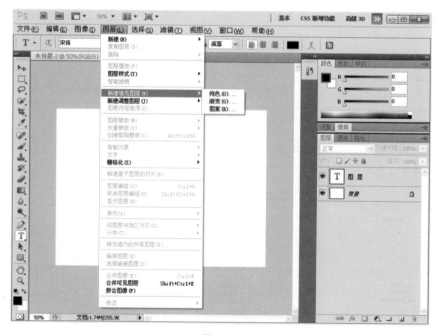

图 5-32

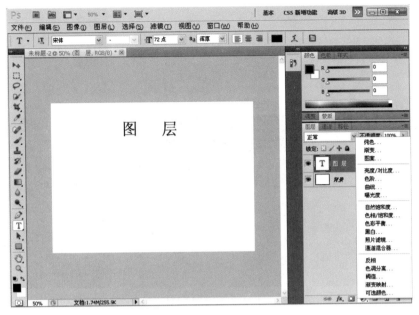

图 5-33

③ 执行某一种类型的填充图层命令后将弹出如图 5-34所示的"图案填充"对话框,在此对话框中设置图层参数。

④ 单击"确定"按钮。

图 5-34

5.7.2 调整图层

调整图层能让用户对图像的颜色和色调进行调整,而不会改变图像本身的颜色和色调。调整图层能影响它下面的所有图层,这就意味着用户通过一个简单的调整就可以实现对多个图层的调整。主要包括:①色阶;②曲线;③色彩平衡;④亮度/对比度;⑤色相/饱和度;⑥可选颜色;⑦通道混合器;⑧渐变映射;⑨照片滤镜;⑩反相;⑪ 阈值;⑫ 色调分离。

同样调整的步骤也是单击菜单"图层"→"新建调整图层"命令,在其中选择一种调整图层的类型。或者也可以在"图层"控制面板中单击"创建新的填充层或调整层"按钮,弹出如图5-33所示的菜单,从中选择一种调整图层。

综合训练题

1.实例演练

主要操作过程如下。

① 用PhotoShop打开少女图片［图5-35（a）］,用多边形套索工具 ，选取图片中的人物,并通过"图层"→"新建"→"通过拷贝的图层"命令,将选择的图像拷贝并新创建一个图层。

② 打开蝴蝶图片［图5-35（b）］,用磁性套索工具 ,选取蝴蝶的翅膀,再用移动工具 将选取的蝴蝶翅膀移到少女图片中,Photoshop会自动新建一个图层,然后将刚新建的图层放置在原图像的人物层和背景层之间。

(a) 第5章素材5.8素材1

(b) 第5章素材5.8素材2

(c) 第5章素材5.8素材3

图 5-35

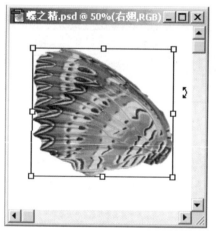

图 5-36

③ 利用Photoshop的自由变换功能调整蝴蝶的翅膀成为人物的右翅膀。

④ 复制右翅膀图层为左翅膀层，再用自由变换将其调整为左翅膀。最终合成效果如图5-35（c）所示。

另外，本例中还用到了"图形自由变换"的技术：选择"编辑"→"自由变换"命令，可以对选区或除背景层以外的图层进行自由变形，即进行放大、缩小、旋转。执行自由变换命令后，将出现变形调整框，如图5-36所示。

移动鼠标当出现 ↕ ↔ ⤢ ↷ ▶ 时，按住鼠标就可以调整图形的高度、宽度以及进行旋转、移动等操作。

2. 单项选择题

（1）图层特效不可以用于（　　）。

A. 普通图层　　　　　　　　B. 文字图层　　　　　　　　C. 背景图层

（2）按（　　）键可以合并下一层；按（　　）键可以合并所有层；全部合并使用图层面板菜单中的（　　）命令，将（　　）不可见层。

A. Ctrl+E　　　　　　　　B.Shift+E　　　　　　　　C. Ctrl+Shift+E

D.Merge Down　　　　　　E. Merge Visible　　　　　　F. Flatten Image

G. 删除　　　　　　　　　H. 合并

（3）产生剪辑图层只要按（　　）键同时单击两层间实线；取消剪辑图层可以按（　　）键同时单击两层间的虚线。

A. Ctrl　　　　　　　　　B. Shift　　　　　　　　C. Alt　　　　　　　　D. Shift+Alt

3. 操作题

（1）合并图5-37（a）、（b），效果如图5-37（c）所示。

（2）合并图5-38（a）、（b），效果如图5-38（c）所示。

(a) 第5章素材5.8素材4

(b) 第5章素材5.8素材5

(c) 第5章素材5.8素材6

图5-37

(a) 第5章素材5.8素材7

(b) 第5章素材5.8素材8

(c) 第5章素材5.8素材9

图5-38

图像色调和色彩的调整

【导语】Photoshop软件的又一大特点就是拥有着强大的图像色彩调整功能，各种调整命令功能各异。Photoshop只针对位图图像进行处理，在这里简单说一下位图和色彩。位图是由若干个小方块组成的，其中每一个方块就是一个像素，像素是位图图像的最小单位。像素越大，图像的方块也就越多，图像也相应地越清晰。

　　本章主要讲解了关于菜单中的图像调整命令和工具的操作，掌握这些调整的操作知识也就掌握了Photoshop处理图像的基本方法。

知识目标

- 了解减淡工具、加深工具和海绵工具各自的用途，理解其相关设置的作用，并掌握它们的一般使用方法
- 了解图像调整菜单中有关图像调整的命令，理解各自的不同用途，掌握这些图像调整命令的基本使用方法

能力目标

- 通过学习图像调整工具和命令的基本知识，能使用这些工具和命令对图像进行调整

变换之前的图像色彩

案例描述

　　突出教学性，在讲解功能和知识点的同时，引导学习者思考，并通过实际的操作，使他们在实例练习的过程中，能够更容易的掌握图像色调和色彩的调整命令，并能熟练使用，如下图所示，就是使用了色相变换命令，使鹦鹉的羽毛色彩得到了改变。

案例评析

　　在以上案例中，首先运用了选择工具将背景选择，然后执行了"去色"命令，之后依次执行"色相/饱和度"命令将

变换之后的图像色彩

鹦鹉的羽毛色彩变换。本章节的实例练习使学习者在掌握色彩调整命令技能的同时，也要认识到变换某一个图像时，应该选择最合适的变换方法。

6.1 工具箱中的调整工具

6.1.1 减淡工具

"减淡工具" 在左侧的工具箱中可以轻松找到，可以随意调整图像中的暗部色调、中间色调和亮部色调。菜单下方的工具选项条如图6-1所示。

图6-1 减淡工具选项条

以下是减淡工具选项条中的三个可选项。

（1）画笔 在此选项中如图6-2所示，可以选择一种画笔样式来作为减淡工具的形式，还可以通过拉杆控制来自定义减淡工具的大小和硬度数值。"直径"数值越大，减淡工具的操作区域也越大。"硬度"数值越大，操作区域的边缘越清晰。

（2）范围 在范围选项中，有三个可选项，分别是阴影、中间值、高光。它们分别代表着画面中的暗部色调、中间色调和亮部色调。选择阴影选项时，用减淡工具在图像中操作时，变亮的是图像中较暗的地方，其他亮部不会有明显变化。如图6-3所示（原图见第6章素材6.1素材1），选择不同的范围用减淡工具按鼠标左键在图像中左右移动，会有不同的效果出现。

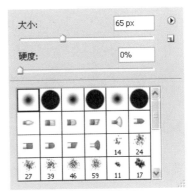

图6-2 画笔选项对话框

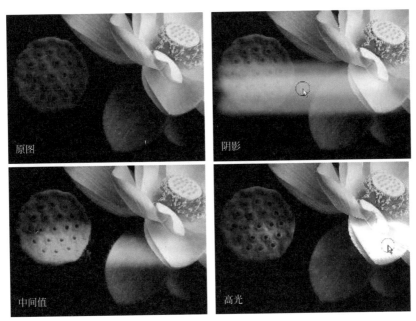

图6-3 范围选项中的效果

（3）曝光度　此选项的数值越大，减淡的效果也越明显，根据图像效果的不同需求也要常常变换此数值来控制。

6.1.2　加深工具

长时间按住工具栏中的"减淡工具"图标，会显示出隐藏图标，第二个便是"加深工具" 。"加深工具"和"减淡工具"正好相反，它是将图像中的亮部、中间色调和暗部进行色调加深，其他设置都基本相同。

6.1.3　海绵工具

"海绵工具" 在"减淡工具"下第三个位置。此工具的主要功能是迅速的降低或升高图像局部的色彩饱和度，最大的特征是可以随心所欲地进行手动局部处理图像，如图6-4所示。模式中可选择用"降低饱和度"选项，在图像中操作会去掉图像色彩，选择"饱和度"为增加图像色彩饱和度。画笔数值越大其操作范围越大。流量之后的百分数值也是控制"海绵工具"压力大小的，数值越大效果越明显。

图6-4　海绵工具选项条

> **Tips　提示**
>
> 灵活使用减淡和加深工具的大小和压力可以绘制出很多漂亮的插画作品，因为这两个工具不是为图像添加颜色，而是在本身色彩基础上进行的变化，所以色彩虽然变化了，但还是很自然的。

点击Photoshop菜单栏中的"图像"，在下拉菜单中有"调整"一项，其中包含着很多图像调整命令，下面逐一介绍这些命令的使用方法。如图6-5所示。

6.2.1　色阶

色阶命令是调整图像的高光值、暗调值和整个亮度，以及色彩平衡和对比度的。色阶最大的特点是除了以上说的对比度值以外，还可以对通道中的颜色进行调整。下面具体介绍色阶面板。首先打开本教材第6章素材6.1素材2，如图6-6所示。然后在菜单栏中选择"图像"→"调整"→"色阶"。如图6-7所示。

在"色阶"对话框中，第一项是"通道"，可以在其下拉选项中去选择需调整的颜色，如选择"红色"如图6-8所示。在"输入色阶"下边有三个数值框，分别为代表暗调值的"0"、中间色调的"1.00"和代表高光值的"255"。当调整中间数值框上边的三角控制器时，数值也会改变，向左拉动控制器时图像整体色调变红，相反则变绿。"255"数值代表的是高光色调，向左拉动控制器时，图像的高光部分会变红。左边第一个数值"0"向右拉动控制器时，图像的整体红色会变少。

图6-5 图像调整菜单

图6-6 编辑图像

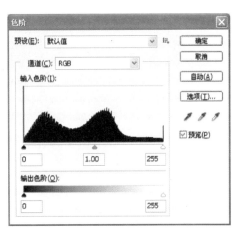

图6-7 "色阶"对话框(一)

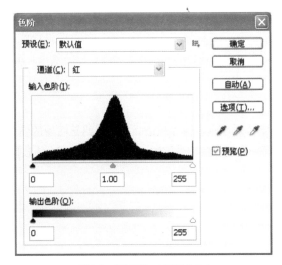

图6-8 "色阶"对话框(二)

在"色阶"对话框中的"输出色阶"是调节图像亮度范围的,"0"为最暗,"255"为最亮,变换这两个数值都会影响图像的亮度,如图6-9和图6-10所示。

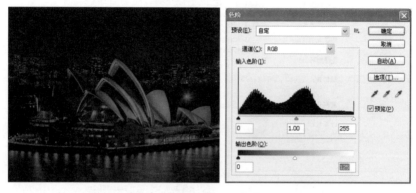

图6-9　变换高光值"255"为"125"后的图像效果

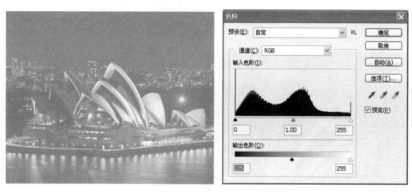

图6-10　变换暗色调数值"0"为"125"后的图像效果

点击"存储"按钮,会将本次调整的对比数值保存起来,文件的格式为"*.alv"文件,日后如果需要同一种数值的话,可以点击"载入"按钮来打开保存过的对比数值。

在"色阶"对话框中,还有一组"吸管" 📍 📍 📍 按钮,也可以利用这三个吸管来调节图像效果。吸管按从左到右排序,依次代表图像中的黑色调吸管 📍、灰色调吸管 📍 和白色调吸管 📍。选择某一个吸管在图像中选择相应的色调单击会出现图像色调的变化。

一般情况是选择黑色调吸管时,在图像中选择最黑的一处色调进行单击,软件会将其定义为最黑像素值,并对图像进行重新分布,可以看到的就是重新分布以后的效果。选择白色调的道理是一样的。

提示

使用灰色调吸管时需要特别注意,因为灰色吸管可以纠正图像的偏色问题,在图像中不同位置点击时,图像会变换不同的色调。使用色阶的快捷键为:【Ctrl】+【L】。

6.2.2　自动色阶

"自动色阶"调整命令是针对一些缺乏对比度的图像所使用的。选择"图像"→"调整"→"自动色阶"命令后,所编辑图像会自动将对比度调整到合适效果。

6.2.3 曲线

"曲线"命令是经常使用的一种命令，在调整对比度、明度方面，此项比"色阶"更加灵活。"曲线"对话框如图6-11所示。

"曲线"对话框介绍如下。

（1）预设 在此下拉菜单中可以选择一些软件预先设计好的曲线效果。

（2）通道 这一项和"色阶"命令中的基本相同，在通道下拉菜单选项中选择"RGB"三色或"CMYK"色彩中的某一个色调进行调整。

（3）调节线：通过拉动中间倾斜的线条来调节图像对比色调，松开拉动的鼠标会在曲线框中新增一个节点，最多可以增加14个节点。在RGB模式下，一般下拉线会使图像色调变暗。在CMYK模式下，向下拉图像则会变亮。斜线中部控制图像的中间色调，上端节点控制图像亮部色调，下端节点控制图像的暗部色调。若要取消编辑的节点，应用鼠标左键拉动不要的节点托至控制框外松开鼠标，节点会被扔掉，或者选择节点，直接按【Delete】键删除。如图6-12所示。

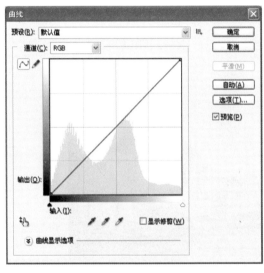

图6-11 曲线编辑对话框

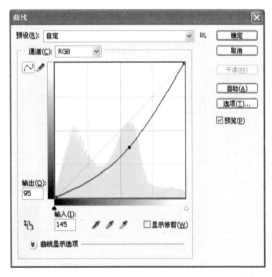

图6-12 用鼠标拉动曲线对话框中的曲线，增加节点

（4）曲线与铅笔 [N] [/]：激活曲线工具是利用鼠标增加节点来调节图像，这也是系统默认的形式。激活铅笔工具则是在调节框中徒手绘制调节线的位置来改变图像色调。激活铅笔工具后，对话框中的"平滑"也随之被激活，使用完铅笔工具后，每点击一次"平滑"，被铅笔绘制的曲线就会变得平滑一些，如果一直点击"平滑"的话，曲线最后回到原状态位置。

（5）吸管选项工具 [/][/][/]：此工具和"色阶"中的吸管工具的使用方法是一样的，此节就不单独介绍了。

下面通过一个实例来详细了解"曲线"命令的使用方法。

实例操作

① 打开本教材提供的素材文件第6章素材6.2素材1，如图6-13所示，再打开菜单中的"图

图6-13 素材图像

像"→"调整"→"曲线"命令。

② 可以看到素材图像色调偏灰,就是说亮部不够亮,暗部不够暗。接下来利用曲线来调节,首先在打开的"曲线"对话框中增加一个节点,并拖动节点到如图6-14位置。这个节点是让图像中的暗色调继续暗下去。

图6-14　为曲线增加节点调节暗部色调

③ 增加第二个节点,如图6-15所示的位置,向上拉动节点,目的是让图像亮部再亮一些,暗部色调基本不变。

图6-15　增加第二个节点调节亮部色调

④ 接下来为了细部调整,在如图6-16所示位置继续增加两个节点,主要是对投影部分和中间色调进行了调整。当调节到满意效果后点击"确定"按钮完成。

图6-16　调节完之后的效果

Tips 提示

如果需要处理图像的某个局部时，可以先用适合的选择工具将局部图像选取，然后打开"曲线"调节对话框进行调节，如图6-17所示（第6章素材6.2素材2），图中的花就是利用"曲线"调节对话框中的"通道"选项，分别进行了提高红色曲线和降低蓝色曲线后，将黑白花朵变成彩色的（曲线对话框快捷键【Ctrl】+【M】）。

图6-17　利用"曲线"中通道选项为花朵加色后的效果

6.2.4　亮度/对比度

"亮度/对比度"命令是一种快速调节图像亮度和对比度的对话框。位置在菜单栏中的"图像"→"调整"→"亮度/对比度"。其对话框如图6-18所示。

以下打开一幅图像来练习"亮度/对比度"命令的使用方法。其中图6-19所示的图像为原始图像（第6章素材6.2素材3），原图的图像在亮度方面有些过亮，对比度弱，整体图像显得灰蒙蒙的，通过降低亮度值和增加对比度值来实现调整，如图6-20所示为调整以后的效果。对话框数值参考图6-21所示。

图6-18　"亮度/对比度"对话框

图6-19　原数码图像

图6-20　调整对比度和亮度后的图像

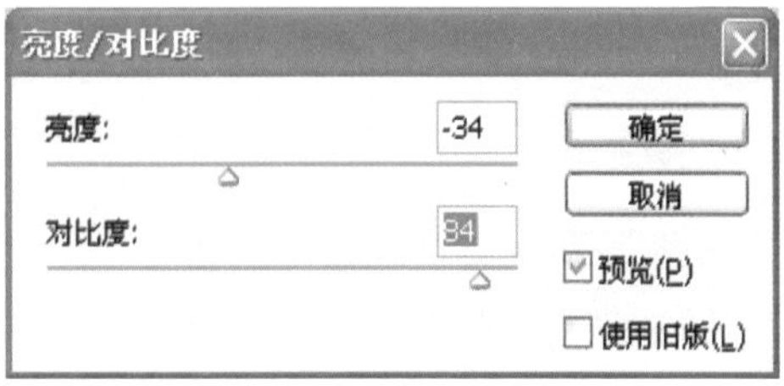

图6-21　亮度/对比度参考数值

6.2.5 反相

"相反"命令在菜单栏中"图像"→"调整"→"相反"。执行此命令可以将图像的色调翻转,如原图本是黑色区域的部分会变成白色,原本是红色的会变成绿色。如图6-22所示就是图像执行"相反"命令后的对比效果(原图见第6章素材6.2素材4)。

图6-22 使用"相反"命令前后的图像效果

 提示

"相反"命令的快捷键为:【Ctrl】+【I】,此键可以在正常显示和相反显示之间切换。

6.2.6 色调均化

"色调均化"命令的位置在菜单栏中"图像"→"调整"→"色调均化"。应用此命令后,软件会自动查找出图形中最亮值和最暗值,并用最暗值表示黑色,最亮值表示白色,中间值也将重新分配。如遇到扫描的图像比原图暗时,可使用此命令来调节,使图像暗部会比之前亮。如图6-23所示(原图见第6章素材6.2素材5)。

图6-23 使用"色调均化"命令前后的图像效果

6.2.7 阈值

"阈值"命令在菜单栏中"图像"→"调整"→"阈值"。此命令是由用户指定一个数值(1～255),如图6-24所示,软件会把这个数值作为中界值,图像中比该数值亮的色调全部被转换成白色,比该数值暗的色调全部被转换成黑色,最终的图像只有黑白两色。如图6-25～图6-28所示,分别设定不同"阈值"的图像效果。

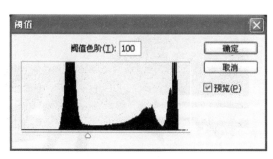

图6-24 "阈值"对话框

图6-25 原数码图像（第6章素材第6.2素材6）

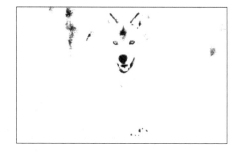

图6-26 "阈值"为60的效果

图6-27 "阈值"为100的效果

图6-28 "阈值"为190的效果

 提示

"阈值"在一般情况下，数值越小图像中白色调成分越多，数值越大图像中黑色调的比例越多。

6.2.8 色调分离

"色调分离"位置在菜单栏中"图像"→"调整"→"色调分离"，如图6-29所示。应用此命令会将原图像中的色彩分离成几种不同的"红"、"绿"、"蓝"色彩，根据所给数值大小的不同，图像色彩被分离的效果也大不一样，下边就用实例来介绍不同数值的"色调分离"效果，如图6-30～图6-33所示。

图6-29 "色彩分离"对话框

图6-30 原数码图像（第6章素材6.2素材7）

图6-31 "色调分离"数值为2的效果

图6-32 "色调分离"数值为4的效果

图6-33 "色调分离"数值为10的效果

6.3 图像色彩的调整

上一节介绍了图像色调的调整命令，这一节中介绍几种常用的调整图像色彩的命令。

6.3.1 色相/饱和度

"色相/饱和度"的位置在菜单栏中"图像"→"调整"→"色相/饱和度"。如图6-34所示。

对话框中的各项介绍如下。

"编辑"：此选项中可以选择全图调整或其他单色调整，若是需要调整图像中某一个颜色值的话，在下拉选项中单选某一颜色，如图6-35所示。

"色相"：拉动此项中的滑块可以变换图像的色彩面貌，起变色和调整图像偏色的作用。

"饱和度"：此项可以变换图像色彩的纯度，往左拖动滑块图像会越来越灰，往右拖动滑块图像的色彩越强烈。

"明度"：此项只是变化图像色调的亮与暗，图像对比度不发生变化。

"着色"：勾选此项，可以将原彩色图像转换为一种单色调效果。并在下边的色条中拉动滑块调整色调变化。

"吸管"：此项只有在单色模式下起作用，在"编辑"下拉选项中除了"全图"以外其他选项都可使用吸管工具。其中 ✒ 为吸色工具，在图像中吸取需要调整的色彩之后，通过色相、饱和度、明度三项来调整色彩。 ✒ 为添加到取样工具，使用此工具可以在当前调节的色彩基础上增加被调节的色彩。 ✒ 为从取样中减去工具，使用此工具可以在当前调节的色彩基础上减去它所吸取的色彩。

"存储"：单击该按钮，将把当前调节数据保存成一个"*.asv"格式的文件。

"载入"：单击此项可以把之前存储的"*.asv"文件打开，以提高工作效率。

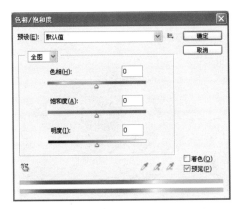

图6-34 "色相/饱和度"对话框

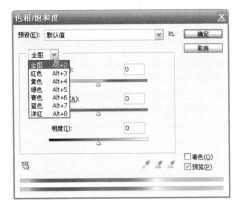

图6-35 "编辑"选项中的可选择色彩

实例操作

① 打开本教材提供的素材文件第6章素材案例素材，如图6-36所示。然后选择一种熟练的选择工具将图像的背景选择。如图6-37所示。

图6-36 素材6.3原数码图像

图6-37 选择图像的背景部分

② 打开菜单栏中的"图像"→"调整"→"色相/饱和度"命令。在"色相/饱和度"对话框中将饱和度一项中的滑块向左拉至"–100"的位置，如图6-38所示。单击"确定"按钮完成，效果如图6-39所示。

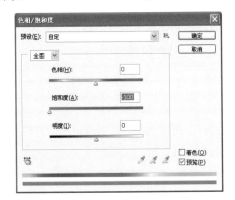

图6-38 将饱和度一项数值调至"–100"

图6-39 背景的饱和度被降至最低的效果

③ 重新打开"色相/饱和度"对话框，在"编辑"一项中选择"红色"，在"色相"一项中将滑块向右拉至"+35"的位置，单击"确定"按钮。这时鹦鹉红色的嘴巴和红色的羽毛都变为橘黄色，如图6-40、图6-41所示。

图6-40　将色相一项数值调至"+35"　　　　图6-41　鹦鹉图像中红色部分色相变化后的效果

④ 打开"色相/饱和度"对话框，在"编辑"一项中随便选择一种单色，单击第一个吸管选项 🖋️，在图像中吸取鹦鹉头部的蓝色羽毛，选择后，将"色相"一项中的滑块拉至"+80"的位置，或直接在数值框中输入"80"也可以完成，这时鹦鹉头部的蓝色羽毛变为紫色，其他部分没有变化。如图6-42所示。

图6-42　鹦鹉图像中蓝色部分色相变化后的效果

提示

　　在"编辑"中选择单色调整局部色调，也可以通过拉动对话框中的"彩条"滑块来选择某一个颜色范围进行调整。打开"色相/饱和度"的快捷键是【Ctrl】+【U】。

6.3.2　去色

　　"去色"命令在菜单栏中"图像"→"调整"→"去色"。使用此命令后图像中的所有色彩将转换为灰度模式的图像。其快捷键为的快捷键是【Ctrl】+【Shift】+【U】。

6.3.3　替换颜色

　　"替换颜色"命令在菜单栏中"图像"→"调整"目录下。此命令可以将图像中的某一颜色成分创建蒙版，然后替换颜色。

实例操作

① 打开本教材提供素材文件第6章素材6.3素材1，如图6-43所示。然后打开"替换颜色"命令。如图6-44所示。

图6-43　数码原图

图6-44　"替换颜色"对话框

② 从图6-44可以看到，在对话框中的图像下方，有"选区"和"图像"两个选项。以上两幅对话框图就是分别选择"选区"和"图像"的不同显示效果。"选区"中显示的是黑白图像，其中，黑色部分是被蒙版区域，也就是说，这一部分不是要调整的范围，白色区域为要调整的未被蒙版范围。

③ 在对话框中选择"吸管"工具 ✐，在图像中吸取菊花颜色，将"色彩容差"的数值调至"120"，目的是扩大颜色的认知范围，尽量使绿色墙面被选择。

④ 在"替换"选项中选择色块颜色为橘黄色，目的是将图像中的绿色墙面替换成白色，其他数值可参考图6-45所示。替换后的效果如图6-46所示。

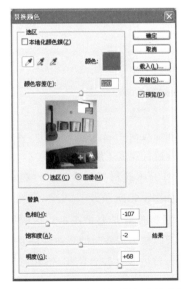

图6-45　"替换色彩"对话框参数设置

图6-46　替换颜色后的效果

6.3.4 色彩平衡

"色彩平衡"的位置在菜单栏中"图像"→"调整"→"色彩平衡"。此命令是一种"调色器",根据不同的需要,将图像的色彩手动调节。在对话框中提供了六个颜色范围,用户可根据需求来调整想要的颜色。

实例操作

① 打开本教材提供素材文件第6章素材6.3素材2,如图6-47所示。

② 打开"色彩平衡"命令。参数设置参考图6-48所示,调整后的效果如图6-49所示。

 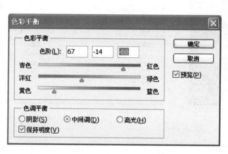 

图6-47 使用"色彩平衡"命令　　　图6-48 "色彩平衡"对话框数值设置　　　图6-49 使用"色彩平衡"命令后
前的图像效果图　　　　　　　　　　　　　　　　　　　　　　　　　　　的图像效果

Tips 提示

在"色彩平衡"对话框中,还可以选择"阴影"、"中间调"和"高光"三个选项,可以分别对图形中不同的色调进行调节。此项命令只是对图像的大概调整,需要仔细调整的话,需要结合其他命令来完成。打开"色彩平衡"命令的快捷键是【Ctrl】+【B】。

综合训练题

1. 实例演练

下面通过对一幅风景图像的具体调整,对以上所讲命令进行深入了解。

① 打开本教材提供素材文件第6章素材6.4素材1",如图6-50所示。

② 目标任务是要把图6-50这幅风景图像中的蓝天白云调整为黄昏时的景色。需要以下几个步骤来完成。首先,打开"色相/饱和度"对话框,把蓝天的色彩变化。选项参数设置如图6-51所示。调整后的图像如图6-52所示。

图6-50 数码原图

图6-51　在"色相/饱和度"对话框中调整蓝天的颜色

图6-52　调整蓝天以后的颜色效果

③ 然后打开"色彩平衡"对话框，进一步调整天空的色彩。选项参数设置如图6-53所示。调整后的效果如图6-54所示。

图6-53　"色彩平衡"对话框数值设置

图6-54　调整色彩平衡以后的图像效果

④ 虽然已经将天空调整，但天空色彩的黄色调还需要更多。打开菜单"图像"→"调整"→"曲线"对话框，在"通道"选项中选择"蓝色"，将曲线调整到如图6-55位置。调整之后的图像效果如图6-56所示。这时候的色调整体显得比较协调了。

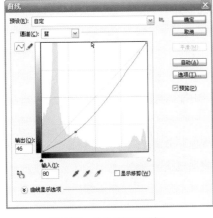

图6-55　曲线调整对话框

图6-56　使用"曲线"工具调整以后的效果

⑤ 打开"替换颜色"对话框，使用"吸管"工具在图像中吸取花草的绿色，因为在整个图像中绿色和其他暖色调略微显得不协调，数值设置如图6-57所示。单击"确定"按钮，这时候图像就调整完

成了，表现出了在夕阳下的一幅风景。如图6-58所示。

图6-57　替换绿色的设置

图6-58　调整完成之后的图像效果（见第6章素材6.4素材2）

2. 单项选择题

（1）使用"色阶"命令可以：（　　　）

A. 为图像着色　　　　　　　　　　　　B. 提高图像对比度

C. 校正图像偏色　　　　　　　　　　　D. 降低图像对比度

（2）下面哪一项可以去除图像色彩：（　　　）

A. "反相"工具　　　　　　　　　　　　B. "色相/饱和度"工具

C. "去色"工具　　　　　　　　　　　　D. "阈值"工具

（3）执行"曲线"工具的快捷键是：（　　　）

A. Ctrl+L　　　　　　　　　　　　　　B. Ctrl+M

C. Ctrl+Shift+M　　　　　　　　　　　D. Ctrl+D

（4）下面不可以变化图像明度和对比度的一项是：（　　　）

A. "曲线"工具　　　　　　　　　　　　B. "色阶"工具

C. "色彩平衡"　　　　　　　　　　　　D. "明度/对比度"工具

（5）使用"色彩平衡"命令可以：（　　　）

A. 为图像着色　　　　　　　　　　　　B. 将色彩分离

C. 校正图像颜色　　　　　　　　　　　D. 将图像变为单色

3. 操作题

① 打开本教材所附的第6章素材6.4素材3，如图6-59所示，利用"色相/饱和度"工具，将图像中格子布的颜色进行变化。图6-60就是变换之后的效果（见第6章素材6.4素材4）。

② 打开本教材所附的第6章素材6.4素材5，如图6-61所示，利用本章所学知识点，将图像调整成如图6-62所示效果（见第6章素材6.4素材6）。

图6-59　数码原图

图6-60　变换之后的效果

图6-61　数码原图

图6-62　调整之后的效果

7

路径

【导语】路径是Photoshop中经常使用到的工具，利用路径工具来创建一个新的图形形状，还可以选择图像中的部分形状，并且此工具操作灵活易于掌握。路径所形成的是矢量图形，编辑好的路径形状也可以与其他矢量软件共同使用和编辑。

知识目标

● 了解路径编辑工具的用途和基本功能
● 理解路径工具的编辑特点和相关设置
● 掌握路径工具的使用方法

能力目标

● 能使用路径工具熟练的绘制图形，并能保存和修改编辑好的路径

案例描述

突出教学性，在讲解功能和知识点的同时，引导学习者思考，并通过实际的操作，使其在实例练习的过程中，能够更容易地掌握路径工具，并能熟练使用。如图7-1所示（见第7章素材7.0素材1），就是使用了钢笔路径编辑绘制的人像；如图7-2所示（见第7章素材7.0素材2），是使用了路径编辑工具组绘制的图标以及背景图像。

案例评析

在案例图7-1中，就是利用了钢笔路径工具描绘出了人物轮廓与阴影形状，图7-2是使用了工具箱中的"形状工具组"绘制的方形图标和背景线条。使其在掌握路径编辑工具使用技能的同时，对深入学习Photoshop与其他同类型的软件有相当重要的理论与技能铺垫的作用。

图7-1　使用钢笔路径工具绘制的人像

图7-2　使用路径工具绘制的图标和背景

7.1 路径编辑工具

钢笔工具 是 Photoshop 中强大的绘图工具，可以编辑非常复杂的图形。首先介绍一下路径的样式和构成特征。如图7-3 所示，路径是由锚点和控制点、路径线组成的。

控制点　控制点

锚点　锚点

路径线　锚点　控制点

图7-3　路径组成

7.1.1 钢笔工具

单击"工具"中的"钢笔工具"按钮，在菜单栏下方会显示出钢笔工具的选项条，如图7-4所示。

图7-4　钢笔工具选项条

选项条中的 是"形状图层"按钮，单击此按钮后，选项条中会显示为如图7-5所示。

图7-5　形状图层的编辑选项

使用"形状图层"按钮，在绘图区域中编辑的样式如图7-6所示，同时在"图层面板"中会自动创建一个"形状图层"如图7-7所示。

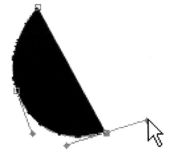

图7-6　形状图层的编辑

图7-7　形状图层的图层样式

路径中的黑色块也可以在选项条中的"颜色"中去选择其他颜色，还可以在"样式"中去选择填充的图案。

选项条中的 是"路径"按钮，绘制路径的时候一般选择此项，在选项条中的"样式"和"颜色"选项也不会出现。激活此项之后，首先在绘图画板中单击鼠标左键建立起始锚点，然后在需要的下一个位置单击鼠标左键建立第二个锚点，这时两个锚点之间会产生一条路径线，如果需要直线路径的话，单击第二个锚点后立即松开鼠标，如果需要的是曲线路径的话，单击第二个锚点后不要立即松开鼠标，而是按住左键不动移动鼠标位置，这时的路径线会随着鼠标的移动而变化。如图7-8所示。

图7-8　绘制路径

提示

选项条中的"自动添加/删除"：选择此选项后，可以利用钢笔工具直接增加或删除锚点。选项条中钢笔工具被选择的状态下，在 ▼ "几何选项"的箭头下拉菜单中可以选择"橡皮条"选项，如图7-9所示。此选项可以预览路径的走向和位置。

图7-9　"橡皮条"选项

在建立直线路径的时候按住【Shift】键，会产生水平、垂直和45°角的直线路径。当路径编辑完毕以后，可以按住【Ctrl】键单击路径线，可以出现编辑控制点和锚点继续编辑路径。

7.1.2　自由钢笔工具

"自由钢笔工具" 可以在"工具条"中的"钢笔"工具隐藏工具中找到，也可以在菜单栏下的选项条中找到，如图7-10所示。

图7-10　自由钢笔工具选项条

"自由钢笔工具"的使用和"铅笔工具" 和"磁性套索工具" 都有几分相似，不同的是"铅笔工具"直接绘制的是位图线条，"磁性套索工具"所形成的是选取框，"自由钢笔工具"形成的是可编辑路径，它可以通过重复多次的修改而达到十分精确的形状路径。

在"自由钢笔选项"中的"曲线拟合"数值是调节路径闭合后的平滑度，数值越高路径越光滑。

7.1.3　添加/删除锚点工具

对已经创建的路径不满意，需要再调整的时候，可以通过隐藏工具组中使用"添加/删除锚点工具"来实现。选择"添加锚点工具" ，在没有锚点的路径线上单击鼠标左键会增加一个新的锚点，按住【Ctrl】键可以调整新增的路径锚点。选择"删除锚点工具" ，在编辑好的路径中单击不需要的锚点，就可以去掉，此时路径也会相应的发生变化。

7.1.4 转换点工具

对已经创建的路径进行调整时还有一种方法，就是选择"转换点工具"，此工具可以转换直线和曲线路径锚点。在没有控制杆的直线锚点上按住鼠标左键移动鼠标位置会将此锚点变成可编辑和调节的曲线锚点，但此工具不可以移动锚点的位置。在曲线锚点上单击鼠标左键，将会使此锚点变为没有控制杆的直线锚点和路径。

在调整路径中有两个工具，一个是路径选择工具，另一个是直接选择工具，如图7-11所示。

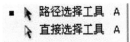

图7-11 调整路径选择工具

7.2.1 路径选择工具

"路径选择工具"，是选择整条路径的工具，不会对锚点进行改变，当选择此工具对路径进行编辑时，所有锚点都会显示为黑色方块。

7.2.2 直接选择工具

"直接选择工具"，是对路径的锚点和路径线段进行编辑的工具，将此工具放在需要移动的路径线段上或某一个锚点上按住鼠标左键就可以进行编辑移动了，这时除了被编辑的锚点以外其他所有锚点都是空心的方形形状。

 提示

当前状态无论是"路径选择工具"还是"直接选择工具"，都可按住【Ctrl】键来切换。

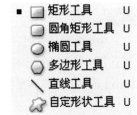

图7-12 几何路径形象工具组

形象工具组为用户提供了方便快捷的几何形象创建方式，在工具箱中的矩形工具图标上单击鼠标右键，会显示出被隐藏的工具组，如图7-12所示。

7.3.1 矩形工具

在工具箱中，一般默认显示的是"矩形工具"，选择此工具后，在选项条中会有如图7-13所示。

图7-13 "矩形工具"选项条

在选项条中首先有三个选项，选择每一个选项都有不同的创建样式，依次如下。

选择"形状图层"□按钮，使用任何一个形状工具绘制图形时，将在图层面板中自动建立一个形状图层，而且路径包围的部分会有默认的黑色填充。

选择"工作路径"□按钮，使用任何形状工具绘制图形，只会在原来的图层上建立路径形状，只显示路径线条而没有填充。

选择"填充区域"□按钮，使用任何形状工具绘制图形时，只在原有图层上建立一个位图形状，不产生路径线条。

在选项条右侧的"几何选项"▼按钮中，是有关"矩形工具"的一般设置，具体如下。

（1）"不受约束"：选择此项，绘制矩形形状时不会受比例的约束，可任意绘制。

（2）"方形"：选择此项，绘制的所有形状都是正方形。

（3）"固定大小"：选择此项，可以在后边的数值框中输入想要的矩形尺寸，W和H数值。

（4）"比例"：选择此项，在后边的数值框中输入只限制比例的W和H数值，并不限制大小。

（5）"从中心"：在选择以上任意一种方式后，都可以同时选择此项，选择后，矩形是从矩形的中心想外扩展，建立矩形形状。

（6）"对齐像素"：选择此项，绘制的矩形边缘会自动对齐像素，放大后不会模糊。如图7-14所示。图7-14（a）的图形是选择"对齐像素"后的矩形，图7-14（b）的矩形是没有选择"对齐像素"的放大效果。

(a)

(b)

图7-14　选择对齐像素选项

:) Tips 提示

绘制矩形形状时，按住【Shift】键可以创建正方形，按住【Alt】键则可以从中心建立，不需要选择"几何选项"中的"从中心"选项。如果是从中心建立正方形的话，则两个键【Shift】+【Alt】同时按住拉动鼠标即可。

7.3.2　圆角矩形工具

"圆角矩形工具"□与"矩形工具"的使用和设置基本相同，不同的是在"圆角矩形工具"的选项条中有一个"半径"数值输入框，如图7-15所示。在此框中，输入的数值可以控制圆角矩形的"圆角弧度"大小，数值越大，圆弧的弧度也越大。

图7-15 "圆角矩形工具"选项条

7.3.3 椭圆工具

"椭圆工具" 可以绘制出椭圆和圆形，其使用方法和一般设置与"矩形工具"基本相同，在"几何选项"中没有"对齐像素"一项，其他基本相同。如图7-16所示。

图7-16 "椭圆工具"选项条

Tips 提示

使用"椭圆工具"绘制圆形时，按住【Shift】键所绘制的是正圆形，按住【Alt】键同样是从中心建立圆形。

7.3.4 多边形工具

"多边形工具" 可以绘制出不同边数的多边形和星形，为用户提供了极大的方便，其基本使用和其他几何形状相同，明显不同的是又一个"边"的数值框，此框中的数值可以控制多边形的边数，如果输入"5"，那么创建的就是五边形。还有不同的是在选项栏的"几何选项"中有所不同，如图7-17所示。

图7-17 "多边形工具"选项条

（1）"半径"：在此项后边的数值框中可以输入要创建的多边形半径数值，控制形状大小。

（2）"平滑拐角"：选择此项后，所创建的多边形的拐角都是平滑过渡样式。如图7-18所示，图7-18（a）的图形为选择"平滑拐角"的图形，图7-18（b）是没有选择"平滑拐角"所绘制的多边形。

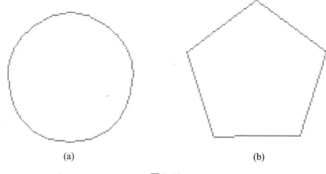

图 7-18

（3）"星形"：选择此项后，可以绘制星形，下边的"缩进边依据"选项和"平滑缩进"选项都被激活。其中"缩进边依据"后边的百分比数值框是设置星形的缩进量大小，数值越大，星形的内缩效果越明显。

（4）"平滑缩进"：此选项是使拐角平滑。如图 7-19 所示，图 7-19（a）是选择星形而没有选择"平滑缩进"的星形效果，图 7-19（b）的图形是选择"平滑缩进"的效果。

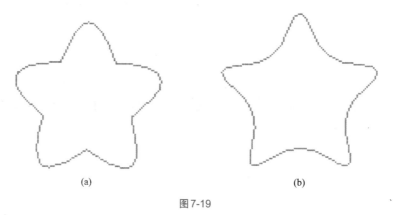

图 7-19

7.3.5　直线工具

"直线工具" ，为用户提供了一系列的直线绘制和箭头形状的绘制，在对象的选项栏中的调节选项如图 7-20 所示。

图 7-20　直线工具选项条及选项调板

（1）"起点"：选择此项，可以在所绘制的直线起点位置创建一个箭头。

（2）"终点"：选择此项，可以在所绘制的直线终点位置创建一个剪头。

（3）"宽度"：此项后边的数值框是用来变化箭头宽度的百分比数值。

（4）"长度"：此项后边的数值框是用来变化箭头长度的百分比数值。

（5）"凹度"：此项后边的数值框是用来调整箭头最宽度的尖锐程度，也就是箭头和直线相接的地方，凹度范围为 –50% ～ +50%，正数向内凹陷，负数值向外凸起。

7.3.6　自定形状工具

"自动形状"工具为用户提供了大量的特殊形状，利用这些形状工具可以快捷地创建想要的路径图形，其工具选项条和选项调板如图 7-21 所示。

图 7-21　自定义形状工具选项条及选项调板

"自定义形状工具"的选项调板中的设置基本和"矩形工具"选项条设置相同，其区别在于"自定义选项"中可以选择"定义的比例"来维持原图形的比例，选择"定义的大小"则创建的图形时原图形大小。

单击"自定义形状工具选项条"中的"形状"后边的箭头图标，会弹出一个形状列表框，用户可以随便选择自己需要的图形形状，如图 7-22 所示。

以上形状工具列表框中的图形时默认的显示，在 Photoshop 中还有很多图形供用户选择，单击列表框右上角的小三角图标，会显示出一个选项列表，用户可以根据自身需要去选择更多的路径图形，图 7-23 是选择"全部"之后的显示。

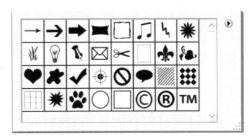

图 7-22　形状工具列表框

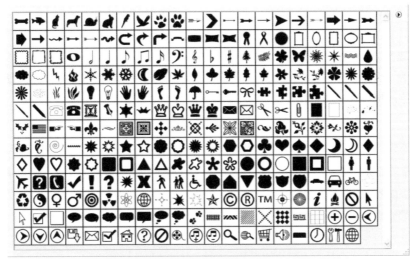

图 7-23　形状工具列表框中的全部路径图形

7.4 路径控制面板

路径控制面板为用户提供了编辑路径的一些命令，如图7-24所示。

图7-24　路径控制面板

当使用路径工具在编辑区中创建路径时，系统会自动在路径控制面板中新建一个路径预览面板，也可以通过面板中的按钮来新建，下面来具体介绍一下路径控制面板中各个选项的含义。

- "填充路径" ：单击此按钮可以用前景色填充路径形状。
- "描边路径" ：单击此按钮可以用前景色和默认的画笔大小为路径形状描边。
- "将路径作为选区载入" ：单击此按钮可以将当前的路径形状转换为选择区。
- "从选区生成工作路径" ：单击此按钮可以将当前选区存储为工作路径。
- "创建新路径"：单击此按钮可以在控制面板中新建一个路径。
- "删除当前路径" ：选择不要的路径预览面板，单击此按钮可以将其删除。

7.4.1　创建新路径

"新建路径"命令可以通过两种方法，一种是在控制面板下方的"创建新路径"按钮来完成，另一个是点击控制面板右上角的小三角图标，在展开选项中选择"新建路径"命令。这里的新建路径并非是在编辑区创建一个路径图形，而是建立一个路径编辑显示条，它可以承载编辑路径图形。

 提示

一般创建的新路径的名称默认为"路径1"，在编辑区绘制的路径会自动生成一个路径编辑显示条，名称为"工作路径"。需要重命名路径编辑条可以双击编辑条上的名称位置，在弹出的对话框中输入名字。也可以按住【Alt】键单击"创建新路径"图标按钮。

7.4.2　描边路径

"描边路径"命令是利用"画笔工具"或"减淡"、"加深"等工具来完成的，通过对画笔的效果设置，来实现很多的效果。具体的描边步骤如下。

（1）在"路径控制面板"中选择需要描边的路径条。
（2）在"工具箱"中选择需要描边的前景色。
（3）在"工具箱"中选择需要描边的工具。

（4）在工具选项条中设置描边工具的参数，设置合适的笔刷样式。

（5）在"路径控制面板"中单击"用画笔描边路径"按钮 来完成。

提示

如果当前工具是"路径工具"的话，可以在图形编辑区中单击鼠标右键，选择描边路径来完成命令。也可以按住【Alt】键单击"描边路径"按钮，同样会弹出选择描边工具的对话框，如图7-25所示。

图7-26为利用描边路径完成的图形设计（见第7章素材7.4素材1）。

图7-25 "描边路径"对话框

图7-26 利用描边路径完成的图形设计

7.4.3 保存路径

"保存路径"命令是为用户提供了极大的方便，因为每次绘制路径时，"路径控制面板"中会自动创建一个"工作路径"，而当创建第二个路径时，第一个路径将被替代，"工作路径"中显示的是第二个路径，第一个路径还要重新编辑的话，就要将路径保存。

保存路径的方法有两种，一是鼠标双击该"工作路径"，在弹出的对话框中输入路径名称，如图7-27所示。还有一种方法是单击"路径控制面板"右上角的三角图标，在弹出的选项中选择"存储路径"也可以完成。如图7-28所示。

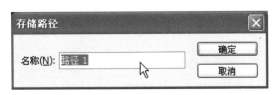

图7-27 "存储路径"对话框

图7-28 存储路径选项

7.4.4 删除路径

"删除路径"命令是用来删除不需要的路径的,可以通过两种方法来完成。一是在"路径控制面板"中选择要删除的路径编辑条,单击面板底部的"删除"按钮 🗑,在弹出的对话框中单击"是"按钮来完成。第二种方法是,在面板中按住鼠标左键拖动要删除的路径编辑条到底部的"删除路径"按钮上,松开鼠标就可删除。

7.4.5 将路径转换为选区

要将编辑好的路径转换为选区,可以单击"路径控制面板"底部的 ◯ 按钮,或者在当前工具为"路径工具"状态下,在路径形状编辑区单击鼠标右键,选择"建立选区"命令。还可以在面板小三角下的菜单中选择此项。转换为选区之前的效果如图7-29所示,转换为选区之后的效果如图7-30所示。

图7-29 编辑好的路径

图7-30 将路径转换为选区

7.4.6 将选区转换为路径

要将图形编辑区中的"选区"转换为路径,可以按住【Alt】键点击"路径控制面板"底部的 ◯ 按钮,或者选择面板右上角小三角下的"建立工作路径"菜单选项,这时,会弹出一个"容差值"对话框,如图7-31所示。

图7-31 "建立工作路径"对话框

"容差值"指的是选区成为路径之后的定位点的多少和路径的平滑程度,此数值限定为0.5～10像素。输入的数值越大,路径定位锚点较少,得到的路径也相对比较平滑。相反则锚点较多,路径平滑度也较差。

如图7-32所示的为原选区的状态,图7-33所示的容差值设置为"2"时得到的路径,图7-34所示的容差值设置为"9"时所得到的路径效果,很明显路径锚点少,而且路径形状比较概括。

图7-32 原选区

图7-33 容差值为2

图7-34 容差值为9

 提示

不是所有的选区框都适合转换为路径的，尽量采用一些形状清晰结构简单的来编辑。不然有的打印机将无法打印，转换后需要删除很多锚点来调整形状。

1.实例演练

下面通过一个实例来介绍路径工具的使用，具体步骤如下。

① 打开本教材提供素材文件第7章素材7.5素材1。如图7-35所示。

② 打开本教材提供素材文件第7章素材7.5素材2，如图7-36所示。并使用"钢笔"路径工具将小提琴左半部选中，如图7-37所示。

图7-35　素材图片

图7-36　素材图片

③ 将小提琴左半部分用钢笔路径选择后，单击右键，在弹出的菜单中选择"建立选区"一项，如图7-38所示，使用移动工具将小提琴移动到蓝天素材7.1中，如图7-39所示。

图7-37　使用钢笔路径工具选择小提琴

图7-38　建立选区

④ 在工具箱中选择"圆角矩形工具" ，在绘图编辑区中绘制如图7-40所示形状，选择"转换点工具" ，将圆角矩形右下角的两个点转换为直角锚点，并使用"直接选择工具" ，将两个锚点移动到如图7-41的位置。

图7-39 移动小提琴到蓝天素材中

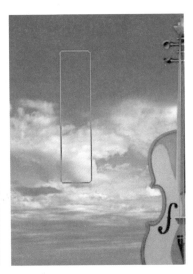
图7-40 创建圆角矩形路径

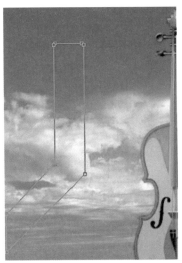
图7-41 调整路径锚点

⑤ 单击右键选择"建立选区"选项，设置前景色为白色，并进行填充。使用"钢笔路径工具"绘制一条路径线，如图7-42所示。选择工具箱中的"铅笔"工具，并在选项条中设置铅笔大小数值为"2"，前景色设置为"白色"。单击"路径控制面板"底部的"用画笔描边路径"按钮 ，路径线被描边为白线条。新建一个图层，继续使用描边路径绘制五线谱，然后使用"文字工具"输入文字内容，效果如图7-43所示。

图7-42 绘制路径线条

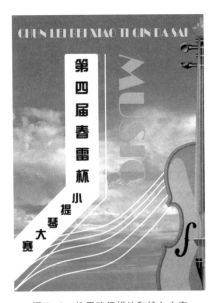
图7-43 使用路径描边和输入文字

⑥ 选择"自定义形状工具" ，在选项条的"形状"选项后单击箭头图标，再点击面板右上角的三角图标，在弹出的菜单中选择"音乐"选项，如图7-44所示。新建立一个图层，然后创建如图7-45所示的音乐符号路径形状到图中为位置，并依次"建立选区"填充颜色。

2.单项选择题

（1）下列工具中哪一项是绘制路径的工具：（　　　）

A.自由钢笔路径　　　　B.钢笔路径工具　　　　C.直接选择工具　　　D.添加锚点工具

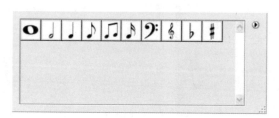

图7-44　选择自定义形状中的"音乐"略表

图7-45　创建自定义形状路径转换为选区并填充颜色

（2）下列关于将路径转换成为选区的操作方法正确的是（　　　）

　A. 在"路径"调板中按住【Ctrl】键单击要转换为选区的路径缩略图。

　B. 在"路径"调板中选中要转换的路径，单击"将路径作为选区载入"按钮。

　C. 在"路径"调板中选中要转换为选区的路径，按住【Ctrl】+【Enter】键即可。

　D. 在"路径"调板中选中要转换为选区的路径，按住【Shift】+【Enter】键即可。

（3）下列选项中哪一个工具可以调节路径锚点位置：（　　　）

　A. 路径选择工具　　　　　　　　　　　　B. 直接选择路径工具

　C. 钢笔路径工具　　　　　　　　　　　　D. 自定形状工具

（4）下列选项中可以选择和移动整个路径的工具是：（　　　）

　A. 钢笔路径工具　　　　　　　　　　　　B. 直接选择路径工具

　C. 路径选择工具　　　　　　　　　　　　D. 自由钢笔工具

3. 操作题

①结合本章学习的绘制路径的操作方法，绘制出如图7-46所示的图形（见第7章素材7.5素材3）。

②结合本章学习的钢笔绘制路径、形状路径工具组使用方法、"路径控制面板"的编辑方法，制作如图7-47所示的胸卡牌样式（见第7章素材7.5素材4）。

图7-46　绘制图形样图

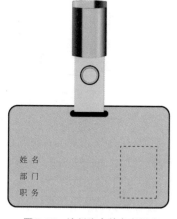

图7-47　绘制胸卡牌参考样式

通道

【导语】通道是 Photoshop CS5 中处理图像常用的一种工具，在 Photoshop CS5 中通道与图层层一样功能非常强大，其核心功能不仅对图像能进行非常细致的调节，而且能存放图像的颜色和选区信息。

本章主要讲解通道的三种类型及通道和通道操作等相关知识，学习时会发现通道的参数没有图层那么多，而且核心功能也比较简单，所以学习并切实掌握这章的知识，对以后深入学习 Photoshop CS5 有很大的帮助。

知识目标

　　了解通道的分类

　　理解通道的基本操作

　　掌握编辑 Alpha 通道的方法

能力目标

　　能将选区保存为 Alpha 通道

　　能创建异形选区

　　能使用通道抠取图像

(a)

案例导入

案例描述

　　在 Photoshop CS5 中通道和图层一样具有重要性，这不仅是因为通道可以转换成选区，更在于通道可以储存颜色信息，许多的特效就是运用通道来得到的。如图 8-1 就是组合运用通道抠取精细到的头发丝的人物图像。根据本章的教学目的和教学难点，导入有针对性的案例，使其在学会通道的基本知识的同时，加强了实际性的操作，巩固了学习者对通道基本知识的认识和理解。

案例评析

　　通过上述的通道应用案例教学，学习者不仅能熟练掌握本章的知

(b)

图8-1

识点，而且能提高实际操作能力和问题解决能力，同时能够对图像进行更深层次的编辑和转换操作。下面就详细讲解通道的操作，看看通道是如何操作得到奇特效果的。

8.1.1　关于通道

对初学者来说，通道是比较难的一个知识点，想要掌握它关键在于理解它的工作原理。

通道与选区、特效有着密切的联系，但通道与选区、特效存在一定的区别，在Photoshop CS5中通道主要用于保存图像的颜色以及选区。根据不同功能和作用可分为三种类型，分别是颜色通道、专色通道以及Alpha通道。其中专色通道和Alpha通道并不是图像的颜色通道，需要用户手动创建。

8.1.2　通道的类型

8.1.2.1　颜色通道

颜色通道又称原色通道，原色通道的数目取决于图像的颜色模式。图像文件的颜色模式是"RGB颜色"模式，则该图像有4个颜色通道，如图8-2所示（见第8章素材8.1素材1），如果是"CMYK颜色"则有5个颜色通道，如图8-3所示（见第8章素材8.1素材2）。

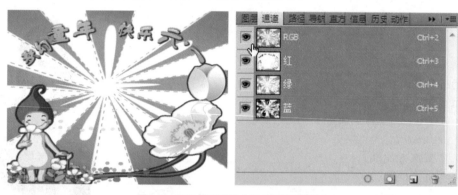

图8-2　RGB模式图像（有4个颜色通道）

图8-3　CMYK模式图像（有5个颜色通道）

8.1.2.2　专色通道

专色通道是可以保存专色信息的通道，即可以作为一个专色版应用到图像和印刷当中，专色通道扩展了通道的含义，同时也使图像有了专色版的制作。

8.1.2.3 Alpha通道

Alpha通道是计算机图形学中的术语，是一种特殊的通道，主要用来保存选区和编辑选区。Alpha通道可以很容易得到一些不规则的选区，所以能灵活使用Alpha通道对图像处理有很大的益处。

在Photoshop CS5中打开一幅图像文件后，通道调板会自动建立相应的颜色通道，单击工作界面中的"通道"标签，即可打开通道调板，如图8-4所示（素材见第8章素材8.2素材1）。图像为RGB模式，则显示RGB混合通道与"红"、"绿"、"蓝"3个原色通道；通道调板可以方便地管理通道，有时在界面上找不到该控制面板，可以选择"窗口"→"通道"菜单命令来打开。

图8-4 通道调板

通道调板中各选项含义如下。

通道缩览图：在通道名称左侧有一个缩览图，其中显示该通道的内容，可以迅速识别每一个通道，以方便用户快速操作处理。在任一图像通道中进行编辑修改后，该缩览图中的内容均会随着改变。

单击通道控制面板右上角的按钮，在弹出的下拉菜单中选择"调板选项"命令，在打开的对话框中可以调整预览图的显示大小。

通道显示控制框：用于控制该通道中的内容是否在图像窗口中显示出来。单击该通道对应的眼睛图标，让眼睛图标消失即可隐藏某个通道。

通道名称：与图层一样每一个通道都有一个不同的名称以便区分。按右侧显示的快捷键可快速切换到相应的通道。

单击"将通道作为选区载入"按钮：可以将当前通道中的图像内容转化为选区。用户也可以选择"选择"→"载入选区"菜单命令达到此效果。

单击"将选区存储为通道"按钮：可以将图像中的选区转化为一个遮罩，并将结果保存在一个新建的Alpha通道中.

单击"创建新通道"按钮：可以创建一个新的Alpha通道，在Photoshop CS5中最多可以创建24个Alpha通道。

"删除通道"按钮：单击该按钮可以删除当前通道。

通道选项按钮：单击按钮，将弹出一个下拉菜单，可执行与通道有关的操作。

在Photoshop中任意打开一个图像文件，Photoshop CS5就为其创建了图像文件固有的通道——颜色通道。原色通道的数目取决于图像的颜色模式。例如，"RGB颜色"模式的图像有3个原色通道即"红"

通道、"绿"通道、"蓝"通道，CMYK模式的图像则有4个原色通道即"青色"通道、"洋红"通道、"黄色"通道、"黑色"通道，以及由4个原色通道合成的复合通道，复合通道表示了叠加了它下方的各个颜色通道后的图像颜色，如图8-5所示（素材见第8章素材8.3素材1）。

在每个颜色通道中，显示的都是与之对应的颜色信息，例如RGB图像中的"红"通道保存图像的红色信息，"绿"通道保存图像的绿色信息。由于这些颜色的复合才使图像显示出彩色的效果，根据需要还可以用RGB图像中的两个通道的复合效果，如只显示"绿色"和"蓝色"通道前面眼睛即可，如图8-6所示（素材第8章素材8.3素材2）。

图8-5　复合通道的效果

图8-6　只显示绿和蓝通道的效果

 注意

在RGB、CMYK、Lab图像模式的通道控制面板中，如果单击其第一个复合颜色通道，如RGB，则其下面的各个颜色通道将自动显示，若隐藏颜色通道中的任何一个通道，则复合通道将自动隐藏。

8.4　专色通道

在印刷中除了默认的颜色通道外，用户还可以创建专色通道，它是特殊的预先混合好的油墨，用来替代或补充印刷色（CMYK）油墨，每一个专色通道都有一个属于自己的印版。

在打印输出一个含有专色通道的图像时，必须先将图像模式转换到多通道模式下。最常用的专色是金色与银色，常用于印刷中的烫金、烫银等专色印刷。

8.4.1　新建专色通道

新建专色通道的方法有两种，一种是直接创建新的专色通道，另一种是将现有Alpha通道转换为专色通道。

要直接创建新的专色通道的步骤如下。

单击通道控制面板右上角的三角形按钮，在弹出的下拉菜单中选择"新专色通道"命令，将打开如图8-7所示的"新建专色通道"对话框。

"新建专色通道"对话框各选项含义如下。

"名称"：输入专色通道的名称。确保命名专色，以便其他应用程序能够识别它们。否则可能无法打印此文件。

图8-7　"新建专色通道"对话框

"颜色"：单击"油墨特性"选项区域下的颜色色块，在弹出的"拾色器"对话框中指定一种颜色为专色。如果在当前文件中有选区，则该区域由在此设置的颜色填充。

"密度"：可输入介于0%～100%之间的数值。使用此选项可以在屏幕上模拟印刷的专色的密度。数值为100%则模拟完全覆盖下层油墨，数值为0则模拟完全显示下层油墨的透明油墨。

有些条件下，可以将Alpha通道转换成专色通道。方法是双击要转换的Alpha通道，或在选中Alpha通道的情况下，从调板菜单中选取"通道选项"，打开"通道选项"对话框。将打开如图8-8所示的对话框，在

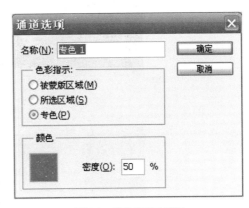

图8-8　通道选项对话框

"色彩指示"栏中选中"专色"单选项，单击"颜色"栏下的颜色方框，在拾色器中选取一种颜色，或单击"颜色库"并选取一种自定颜色，来模拟显示专色印刷的油墨。在"密度"数值框中输入数值，改变专色的密度。设置完成后，单击"确定"按钮即可将Alpha通道转换成专色通道。如图8-9所示为转换前后的通道控制面板。

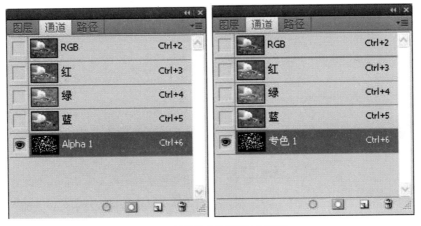

图8-9　转换前后的通道控制面板

8.4.2 合并专色通道

专色通道可以合并到各颜色通道中，单击选中需要合并的专色通道，单击通道控制面板右上角的 ▼≡ 按钮，在弹出的下拉菜单中选择"合并专色通道"命令即可。如图8-10、图8-11所示为合并专色通道前后的图像效果。

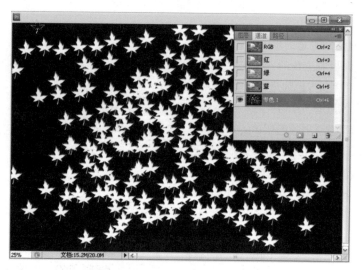

图8-10 合并专色通道前的图像效果

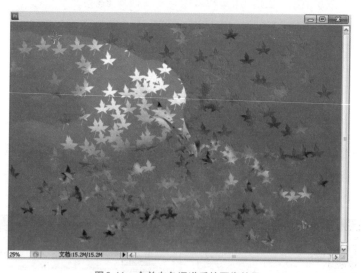

图8-11 合并专色通道后的图像效果

图8-12 "专色通道选项"对话框

8.4.3 更改专色通道的选项

双击"通道"调板中的专色通道缩览图，弹出"专色通道选项"对话框，在此对话框中可以为专色通道更改名称、颜色及密度等参数，如图8-12所示。

8.5 Alpha通道的操作

在使用通道编辑图像时，新创建的通道称为Alpha通道，其最主要的功能是保存选区和编辑选区。Alpha通道可以很容易地将一些不规则的选区保存成通道并利用图像处理的功能对其进行编辑，以方便以后工作时的调用。

8.5.1 新建Alpha通道

在通道控制面板中，单击通道控制面板底部的"创建新通道"按钮，即可新建一个Alpha通道，新建的Alpha通道在图像窗口显示为黑色，如需要对新建的Alpha通道参数做修改，可按住键盘上的【Alt】键单击"创建新通道"按钮，弹出如图8-13所示的"新建通道"对话框。另外还可以单击控制面板右上角的按钮，在弹出的下拉菜单中选择"新建通道"命令，也能打开"新建通道"对话框。

"新建通道"对话框各参数含义如下。

- "名称"：在该文本框中可输入新通道的名称。
- "被蒙版区域"：勾选此选项，新建的Alpha通道将显示为黑色，白色区域则代表选区。
- "所选区域"：勾选此选项，新建的Alpha通道将显示为白色，黑色代表对应的选区。
- "颜色"：单击颜色框可以设定快速蒙版的颜色。
- "不透明度"：在此可以设定不透明度的百分比。

图8-13 "新建通道"对话框

8.5.2 复制和删除通道

8.5.2.1 复制通道

复制通道是保护原通道并运行备份的一个好的办法，复制通道的方法一般有两种。

（1）方法一

操作方法与图层的复制类似，先选择需要复制的通道，按下鼠标左键拖动到"创建新通道"按钮上释放鼠标左键，即可复制出一个副本通道，如图8-14所示。但是此种方法仅能在同一图像下复制通道。

（2）方法二

首先在通道面板里选择需要复制的原通道，然后单击面板右上方的按钮，在弹出的下拉菜单中选择"复制通道"命令。

其次在弹出的对话框中输入设置参数，如图8-15所示，单击"确定"按钮即可。

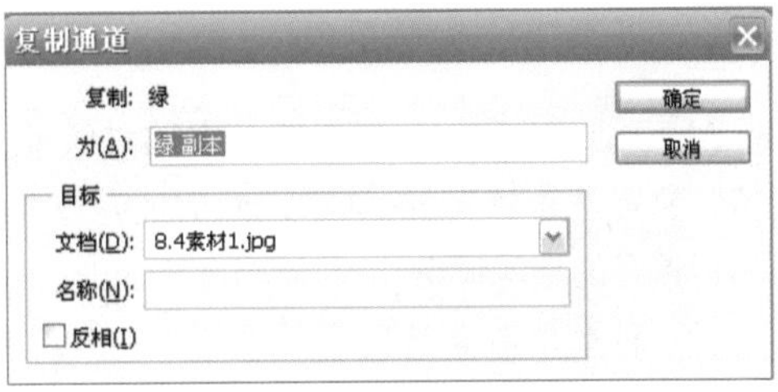

复制通道对话框中的各参数含义如下。

- "为"：在此是为新通道输入新的名称。
- "文档"：在此可以对复制的通道进行不同图像

图8-14 复制通道

图8-15 "复制通道"对话框

的保存，如果只是在一个图像文件中复制通道，那么在此选择默认即可，如果要将复制的通道复制到新的图像中，就要在下拉菜单中选择"新建"选项。

● "反相"：如需要得到反相复制的通道。则勾选此项。

8.5.2.2　删除通道

由于包含有Alpha通道的图像在保存时会使图像文件变得比较大，所以在存储一幅含有Alpha通道的图像前，需要删除一些没有用的Alpha通道。删除也比较简单时，单击需要删除的通道然后拖到通道控制面板底部的"删除通道"按钮 🗑 上即可。也可以单击面板右上方的 ▾≡ 按钮，在弹出的下拉菜单中选择"删除通道"命令。

> **Tips 提示**
>
> 在删除通道的过程中，假如删除了原色通道，图像的颜色模式将自动转换为多通道模式。

8.5.3　将选区保存为Alpha通道

执行"选择"→"存储选区"命令可以将选区保存为Alpha通道，点击后将弹出"存储选区"对话框，此对话框里能够设置选区与Alpha通道间进行的运算，从而得到得到形状更为复杂的Alpha通道。

"存储选区"对话框中设置参数的含义如下。

● "文档"：在下拉列表框中可以选择将选区保存在哪个文件当中，可以是原图像文件也可以是尺寸大小与当前操作图像文件相同的图像文件。如果在下拉列表框中选择"新建"命令，则可以将选区保存在一个新文件中。

● "通道"：在此选项的下拉列表中有新建选项及已存在Alpha通道的名称。如果选择"新建"可以创建一个新Alpha通道。如果点击了已存在的Alpha通道，则替换了该Alpha通道所保存的选区。

● "名称"：在此可以为新通道命名一个区别于其他通道的名称。

● "新建通道"：点选该项，则当前选区被保存为一个新的通道。如果在上面的"通道"下拉列表框中选择一个已存在的Alpha通道，新通道选项将自动转换为"替换通道"选项，它将用当前选区生成的新Alpha通道替换已存在的Alpha通道。

● "添加到通道"：这里的设置与选区的添加相似，如果在上面的"通道"下拉列表框中选择一个已存在的Alpha通道，点选该项后，可以在原Alpha通道中添加当前选区所定义的Alpha通道。

● "从通道中减去"：如果在上面的"通道"下拉列表框中选择一个已存在的Alpha通道，点选该项后，可以在原Alpha通道的基础上减去当前选区所创建的Alpha通道。

● "与通道交叉"：如果在上面的"通道"下拉列表框中选择一个已存在的Alpha通道，点选该项后，可以得到原Alpha通道与当前选区所创建的Alpha通道的重叠区域。

8.5.4　将通道作为选区载入

Alpha通道方便之处就是在需要的时候可方便地调用其存储的选择区域，载入Alpha通道所保存的选区，只需选中该Alpha通道，然后拖到调板下面的"将通道作为选区载入"按钮 ○ 即可将此Alpha通道所保存的选区调出。

另一种菜单命令是执行"选择"→"载入选区"命令，则可弹出，如图8-16所示的"载入选区"对话框。

调用通道保存的选区，除了使用以上述两种操作方法调出通道保存的选区外，还有一些快捷键可进行操作，具体如下。

按下【Ctrl】键单击通道的缩览图，可以直接将通道所保存的选区载到图像中。

如果当前图像存在选区的情况下，按下【Ctrl】+【Shift】键的同时单击要载入的通道，可把另外通道保存的选区增加到当前的选区中。

如果要在现有选区中减去通道保存的选区，则按下【Ctrl】+【Shift】键的同时单击要载入的通道即可。

如果要得到当前选区与该通道所保存的选区的交集，则按下【Ctrl】+【Alt】+【Shift】键的同时单击要载入的通道即可。

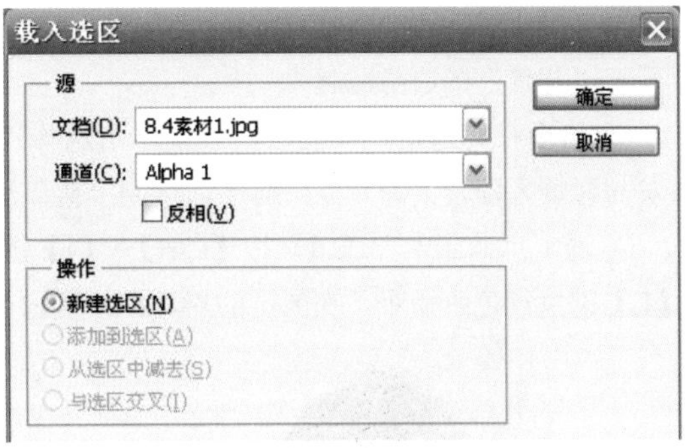

图 8-16 "载入选区"对话框

8.5.5 编辑通道

通道是真正记录图像信息的地方，所以无论色彩的改变、选区的增减、渐变的产生，都可以通过对 Alpha 通道的编辑来实现。对图像的编辑实质上是对通道的编辑，所以在 Alpha 通道中可以用选区工具、绘图工具、图像调整命令及滤镜等命令进行处理，以编辑 Alpha 通道中的黑色与白色区域的大小与位置，用以创建所需要的选区。

编辑 Alpha 通道需要工具可以分为以下 4 种。

（1）利用选区工具

Photoshop CS5 中的选择工具包括遮罩工具（Marquee）、套索工具（Lasso）、魔术棒（Magic Wand）、字体遮罩（Type Mask）以及由路径转换来的选区等，其中包括不同羽化值的设置。利用这些工具在通道中进行编辑和对一个图像的操作是相同的。在通道中使用选择工具可以完成一些最基本的操作，要制作完美的效果当然还要和其他工具结合起来使用。

（2）利用绘图工具

绘图工具包括喷枪、画笔、铅笔、图章、橡皮擦、渐变、油漆桶、模糊锐化和涂抹、加深减淡和海绵等工具。利用绘图工具编辑通道的一个优势在于可以精确地控制笔触，从而可以得到更为柔和以及足够复杂的边缘。渐变工具是 Photoshop CS5 中一次可以涂画多种颜色而且包含平滑过渡的绘画工具，在通道中使用，可以带来平滑细腻的渐变。

（3）利用图像调整工具

图像调整工具包括色阶和曲线调整。用这些工具调节图像时，会发现对话框上有一个 channel 选单，在这里可选择所要编辑的颜色通道。

（4）利用滤镜特效

滤镜特效在通道中进行操作，一般是为了锐化或者虚化边缘，从而建立更适合的选区。

综合训练题

1. 实例演练

（1）使用通道选取人物图像

① 选择"文件"→"打开"菜单命令，打开本教材所附的第 8 章素材 8.6 素材 1，如图 8-17 所示的人物图像。

② 在图层面板中拖动"背景"图层到创建新图层工具 □ 上，复制背景层得到"背景副本"图层。然后将"背景"图层隐藏起来。

③ 然后打开通道控制面板，分别单击选择"红"、"绿"、"蓝"3个颜色通道，选择通道当中人物头发与背景区别较大的"蓝"通道，复制"蓝"通道得到"蓝副本"通道。

④ 选中"蓝副本"通道，按【Ctrl】+【I】键执行反相命令得到如图8-18所示图像。然后按【Ctrl】+【L】键执行色阶命令，在弹出的对话框中调出合适的参数如图8-19所示，得到如图8-20所示的图像。

图8-17　素材8.1

图8-18　反相效果（见第8章素材8.6.1反相后的人物）

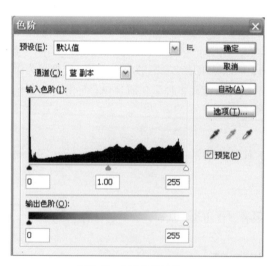

图8-19　调色阶的参数

图8-20　调色阶后的效果

⑤ 按【Ctrl】键单击"蓝副本"通道缩览图得到其通道上的选区，然后返回到图层调板中的背景副本图层上执行快捷键【Ctrl】+【J】，得到由选区转成的图层1，如图8-21所示的图像。

⑥ 在背景副本图层上执行磁性套索命令，将人物头发以外的部分变成选区，然后在背景副本图层上执行快捷键【Ctrl】+【J】，得到如图8-22所示的图像。

⑦ 为了使人物的头发与图8-22所示的图像能融合起来，把图层1拖动到创建新图层工具上复制得到图层1副本。然后把除"背景"图层与"背景副本"图层以外的图层合并得到图层1，如图8-23所示。

图8-21　图层1的效果（见第8章　　　图8-22　头发以外的效果　　　图8-23　合并图层后的效果（见第8章
　　素材8.6.1选区转图层效果）　　　　　　　　　　　　　　　　　　　素材8.6.1合并图层后的效果）

⑧ 把图层1执行"图层"→"修边"→"移区黑色杂边"的处理，然后给图层1加上一背景得到如图8-24所示的最后效果。

（2）使用通道选取花朵

① 选择"文件"→"打开"菜单命令，打开本教材第8章素材8.6素材2，如图8-25所示花的图像。

图8-24　最终效果（见第8章素材8.6.1人物的完成稿）　　　　　　　图8-25　原图

② 在图层面板中拖动"背景"图层到创建新图层工具 ▫ 上，复制背景层得到"背景副本"图层。然后将"背景"图层隐藏起来。

③ 打开通道控制面板，选中红通道，将其拖动到"创建新通道"按钮 ▫ 上进行复制，生成红副本通道如图8-26所示。

④ 单击红副本通道为当前通道，执行"图像"→"调整"→"亮度/对比度"菜单命令，打开"亮度/对比度"对话框，拖动"对比度"下方的滑块，使要选取的花朵图像成高亮显示，这里将"对比度"设置为"+38"，如图8-27所示。

图8-26 复制红色通道 图8-27 "亮度/对比度"对话框

⑤ 单击通道控制面板下方的"载入选区"按钮，载入该通道保存的图像选区。

⑥ 然后在通道控制面板中单击RGB混合通道，按【Ctrl】+【Shift】+【I】键执行反选命令将选择区域反选，如图8-28所示。

⑦ 再按【Delete】键将选区内的内容删除，即得到花的效果，如图8-29所示。

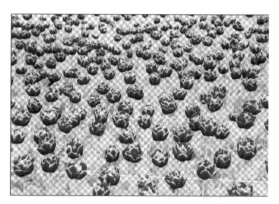

图8-28 反选的效果（见第8章素材8.6.2花反选效果） 图8-29 花的最后效果（见第8章素材8.6.2花最后效果）

2.单项选择题

（1）一个RGB颜色模式的图像拥有（ ）个复合通道（ ）个单色通道。

 A.1，4 B.3，1 C.0，4 D.1，3

（2）在通道和蒙版中，黑色代表（ ），白色代表（ ）。

 A.不透明，不透明 B.透明，不透明

 C.黑色像素，白色像素 D.选区，非选区

（3）在Photoshop CS5中有3种通道，下列哪项不是：（ ）

 A.颜色通道 B.Alpha通道 C.专色通道 D.路径通道

（4）如果想直接将Alpha通道中的选区载入，那么该按住（ ）键的同时并单击Alpha通道。

 A.Alt B.Ctrl C.Shift D.Shift+Alt

（5）Alpha通道最主要的用途是（ ）

 A.保存图像色彩信息 B.创建新通道

 C.存储和建立选择范围 D.为路径提供的通道

（6）Photoshop CS5中下面对通道的描述正确的是（　　）

A. 图像的通道数量是由图像的存储格式而决定的

B. 图像的通道数量是由图像的色彩模式而决定的

C. 通道中的选区是白色区域

D. 在图像中可增加多个Alpha通道

（7）Alpha通道相当于几位的灰度图：（　　）

A. 4位　　　　　　　B. 8位　　　　　　　C. 16位　　　　　　　D. 32位

3. 操作题

① 打开本教材所附的第8章素材8.6素材3、8.6素材4图像如图8-30、图8-31所示，结合本章所讲的通道的知识点，将人物抠出来并切换背景。如图8-32所示就是切换背景后的最终效果图。

图8-30　原图

图8-31　背景效果原图

② 打开本教材所附的第8章素材8.6素材5，如图8-33所示，结合本章所讲的通道的知识点，将花抠取出来或将选取的花朵图像拖动到其他图像中进行编辑处理。

图8-32　最终效果

图8-33　花的素材

编辑文字

【导语】文字是能够直观传递信息的一个重要元素，所以文字工具也是 Photoshop 中常用的工具之一。本章节对文字工具的基础操作进行介绍，使用户了解文字和段落的调板应用，掌握如何对文字图层进行编辑，最后介绍路径和文字之间的应用和变换。在所有可以看到的平面设计作品中，文字的排列形式不外乎是水平、垂直、倾斜等几种，下面将一一介绍。

知识目标

● 掌握编辑文字的基本命令

● 掌握编辑文字的基本操作

● 掌握编辑文字的基本方法

能力目标

● 能应用基本的编辑文字的命令

● 能对文字进行基本的编辑处理

案例描述

突出教学性，引入各种案例讲解功能和知识点的同时，引导思考，并通过实际的操作，使其在实例练习的过程中，能够更容易地掌握文字编辑工具并熟练使用。

案例评析

通过图文并茂的案例，使其在掌握编辑文字的技能的同时，对深入学习 Photoshop 与其他同类型的软件有相当重要的理论与技能的铺垫作用。

文字是文化的载体及重要的组成部分。几乎在任何一种视觉媒体中，文字和图像都是其两大构成要素。恰当地使用文字，能够点缀、修饰画面，对完成作品起到画龙点睛的作用。如图9-1～图9-3所示。

图9-1

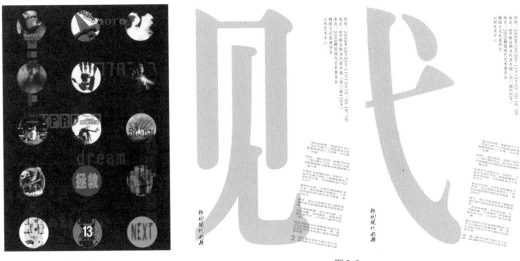

图9-2   图9-3

9.1 输入文字

9.1.1　输入横排文字和直排文字

9.1.1.1　输入横排文字

① 如图9-4所示，点击文字工具中的横排工具，当光标移动到页面变成"T"，单击设置文字位置。

图9-4　横排文字的输入

② 输入"GREEN",得到图像,如图9-5所示。

图9-5 横排文字的输入

如果在键入文字时希望文字出现在下一行,可以在输入文字时按下【Enter】键,使文本出现在下一行,然后再键入其他文字。对于已键入的文字,可以在文字间通过插入文本光标再按【Enter】键,将一行文字打断为两行。

9.1.1.2 输入直排文字

① 如图9-6所示,点击文字工具中的直排工具,当光标移动到页面变成"T",单击设置文字位置。

图9-6 直排文字的输入

② 输入文字，如图9-7所示。

图9-7 直排文字的输入

9.1.2 创建工作路径

单击"图层"→"文字"→"创建工作路径"命令，如图9-8所示。

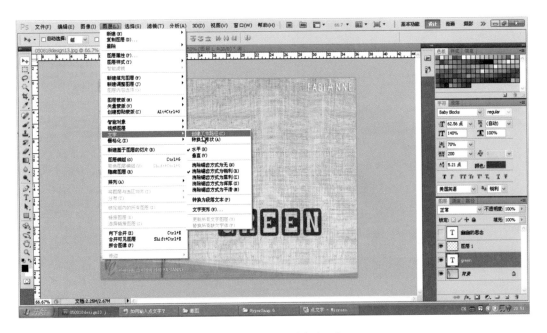

图9-8 创建工作路径（一）

字体可以转化为路径样式，如图9-9所示。

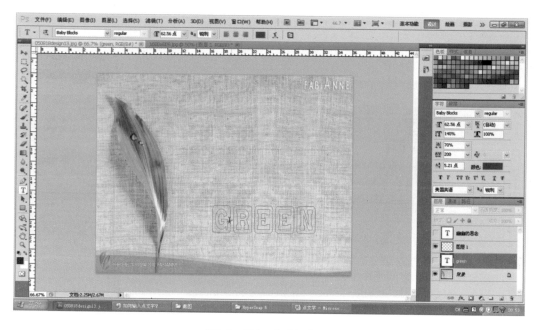

图9-9　创建工作路径（二）

9.1.3　转换为形状

单击"图层"→"文字"→"转化为形状"命令，如图9-10所示。

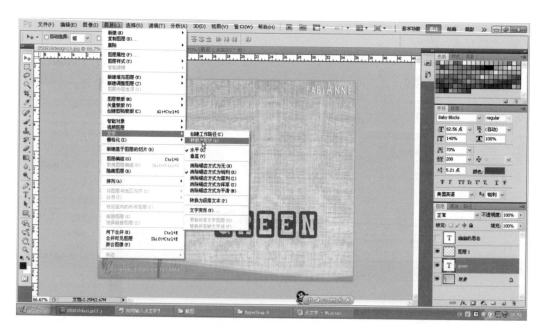

图9-10　转换为形状（一）

得到如图9-11、图9-12所示。

图9-11　转换为形状（二）

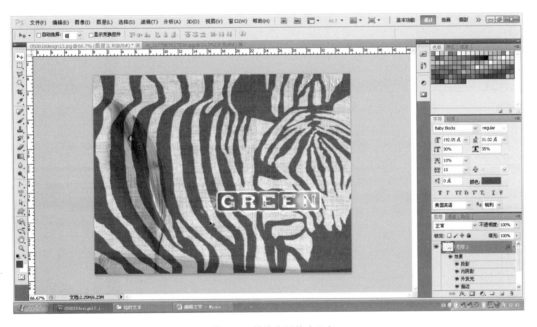

图9-12　转换为形状（三）

9.1.4　转换横排文字和直排文字

点击文字工具的转换横排文字和直排文字（图9-13），可以转换文字的横竖排列，效果如图9-14、图9-15所示。

图 9-13　转换横排文字和直排文字（一）

图 9-14　转换横排文字和直排文字（二）

图 9-15　转换横排文字和直排文字（三）

9.2 点文字和段落文字

点文字是一种不会自动换行的文字，通常用于标题、名称、简短的广告语等。点文本的文字行是独立的，即文字行的长度随着文本的增加而变长并且不会自动换行，如果需要时换行必须按【Enter】键。

9.2.1 输入点文字或段落文字

输入点文字的方法如下：

① 在Photoshop中选择横排文字工具或直排文字工具。

② 在工作区或图像中单击鼠标，为文字设置插入点。然后输入文字即可。

如图9-16、图9-17所示，打开文件，输入点文字。

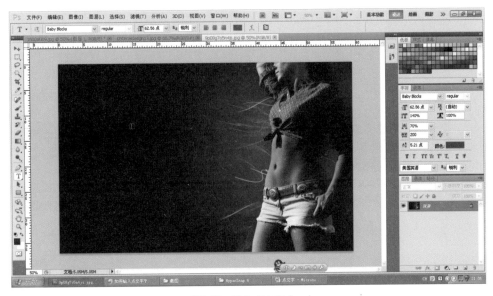

图9-16 输入点文字（一）

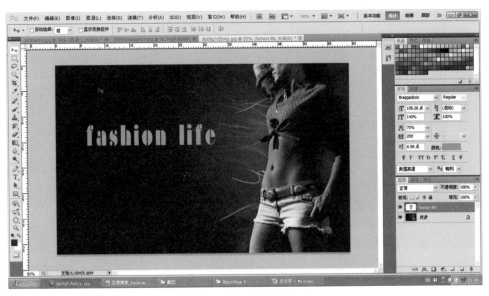

图9-17 输入点文字（二）

　　段落文本的文字显示范围由一个文本框界定。它具有很大的灵活性，当键入的文字到达文本框边缘时，文字就会自动换行；当改变文本框的边框时，文字会自动改变每一行显示的文字数量，以适应新的文本框。

　　如果设计作品中需要大量的说明性文字，最好是键入段落文本的形式进行。

　　① 打开文件，输入段落文字。如图9-18、图9-19所示。

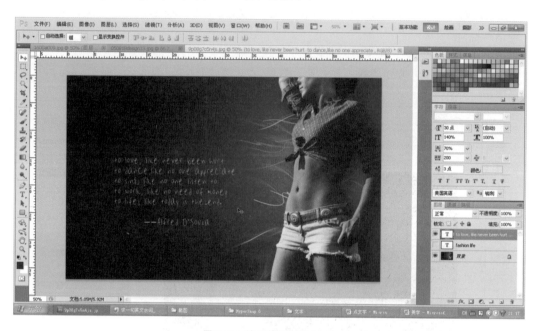

图9-18　输入段落文字（一）

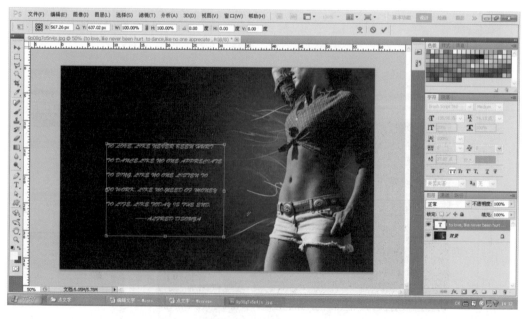

图9-19　输入段落文字（二）

② 调整其角度。如图9-20所示。

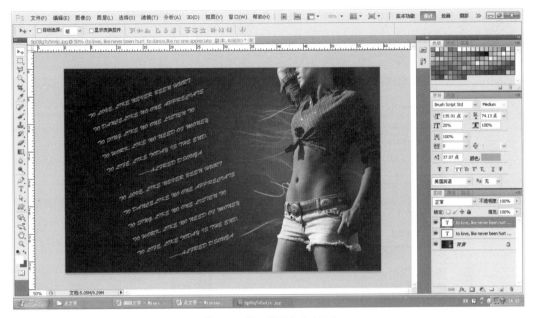

图9-20　输入段落文字（三）

在图像中，使用"横排文字工具"或"直排文字工具"输入单行或单列的文本，然后单击属性栏中的"显示—隐藏字符和段落面板"按钮，将"字符"面板打开。

"字符"面板中的各部分的功能如图9-21所示。

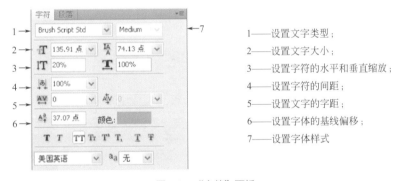

1——设置文字类型；
2——设置文字大小；
3——设置字符的水平和垂直缩放；
4——设置字符的间距；
5——设置文字的字距；
6——设置字体的基线偏移；
7——设置字体样式

图9-21　"字符"面板

"段落"面板的作用是对使用文字工具在页面中输入的段落文字进行排版编辑，设置文字段落的对齐、首行缩进、行间距等属性，如图9-22所示。

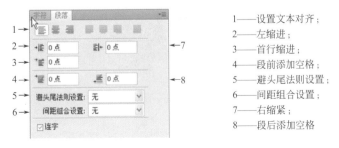

1——设置文本对齐；
2——左缩进；
3——首行缩进；
4——段前添加空格；
5——避头尾法则设置；
6——间距组合设置；
7——右缩紧；
8——段后添加空格

图9-22　"段落"面板

9.2.2 转换点文字与段落文字

在文本图层上点击鼠标右键可以看到"转换为点文本"命令，如图9-23所示。

点文本和段落文本也可以互相转换，转换时只需要执行"图层"→"文字"→"转换为点文本"或者是执行"图层"→"文字"→"转换为段落文本"命令即可。

文本图层上点击鼠标右键可以看到"转换为段落文本"命令，如图9-24所示。

图9-23 转换为点文本

图9-24 转换为段落文本

9.3 栅格化文字

9.3.1 栅格化文字

单击"图层"→"栅格化"→"文字"命令，可以转换文字图层为图形图层，进行其他的样式编辑。如图9-25～图9-27所示。

图9-25 栅格化文字（一）

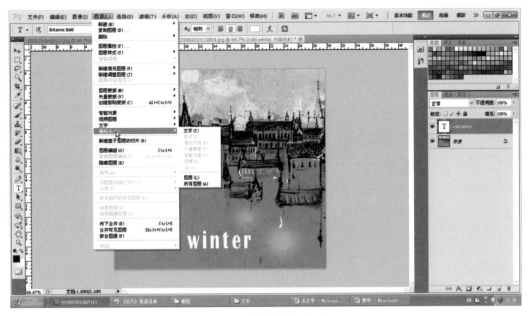

图9-26　栅格化文字（二）

图9-27　栅格化文字（三）

9.3.2　栅格化段落

栅格化段落的方法同栅格化文字基本相同，这样可以方便大量段落文字的特效处理。

9.4　转换文字

9.4.1　转换文字图层为普通图层

文本图层是不可编辑的，只有执行"图层"→"栅格化"→"文字"命令，将其转换为普通图层后才可以对其进行绘画等编辑操作。如图9-28所示。

图9-28　转换文字图层为普通图层

9.4.2　转换文字图层为形状图层

执行"图层"→"文字"→"转换为形状"命令，可以将文字转化为与其轮廓相同的形状，相应的文字图层也会被转换为形状图层。如图9-29所示。素材见第9章素材9.4素材1。

图9-29　转换文字图层为形状图层

9.5 变形文字

新建文件，在新图层上输入"bright"，如图9-30所示，点击属性命令上的"文字变形"，可得到变化后的效果。

图9-30 新建文件（输入"bright"）

或是在属性栏中单击"创建文字变形"按钮，如图9-31所示，弹出"变形文字"对话框，如图9-32所示。

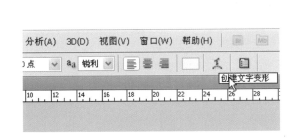

图9-31 单击"创建文字变形"按钮

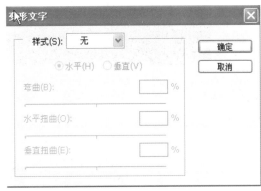

图9-32 "变形文字"对话框

在"变形文字"对话框的"样式"下拉列表中选择所需要的样式类型，效果如图9-33、图9-34所示。

图 9-33　变形文字（一）

图 9-34　变形文字（二）

9.6　使文字沿路径排列

　　利用 Photoshop 提供的将文字绕排路径的功能，可以将文字绕排于任意形状的路径。对于设计者来说，可以使用这一功能将文字绕排为一条引导阅读者目光的流程线，从而使阅读者的目光跟随设计者的意图而流动。

　　① 建立新文件，用钢笔工具画出路径。如图 9-35 所示。

　　② 点击"文字"按钮，放到路径上时，可按路径方式排列文字。如图 9-36 所示。

图9-35 画出路径

图9-36 使文字沿路径排列

实例操作

① 新建文件后加入心形路径，如图9-37、图9-38所示。

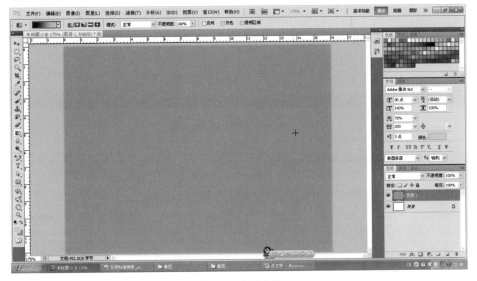

图9-37 新建文件

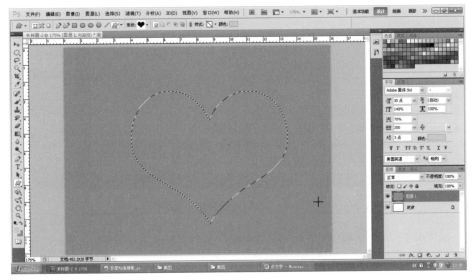

图9-38 加入心形路径

155

② 点击文字工具，当鼠标移动到绘制的形状边缘时，鼠标的光标会变成流动性的图标，表示单击鼠标能够在路径上添加文字。如图9-39所示。

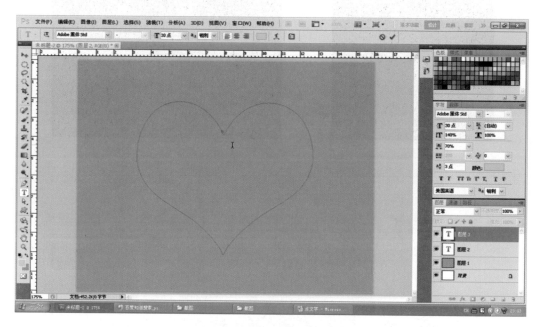

图9-39　沿路径准备添加文字

③ 输入文字后得到如图9-40的效果。

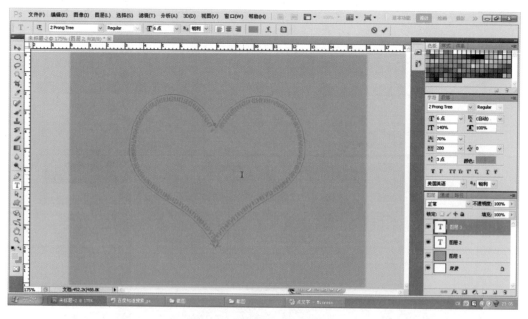

图9-40　文字沿路径排列的效果

通过上面的例子，可以清晰地看出沿路径绕排文字是借助于路径来实现的，因此路径是实现沿路径绕排文字的基础。

综合训练题

1.实例演练

① 新建文件，打开背景图层，如图9-41所示。

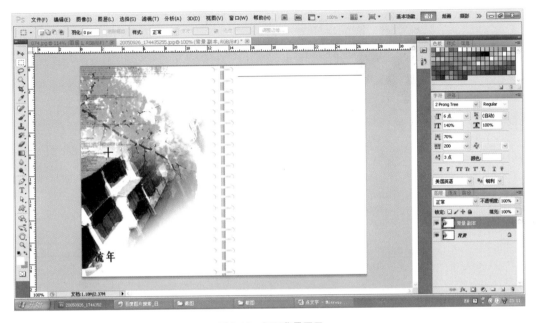

图9-41 打开背景图层

② 建立文字图层，并拉出输入框，设定文本的范围，如图9-42所示。

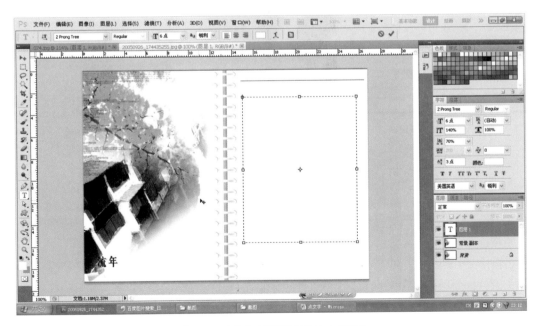

图9-42 建立文字图层和设定文本的范围

③ 输入文字，如图9-43所示。

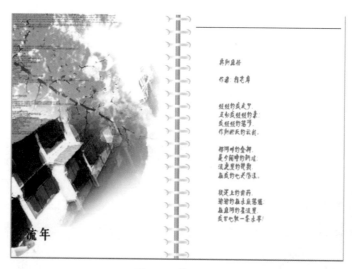

图9-43 输入文字

④ 调整文字设置，如图9-44所示。

⑤ 最终效果如图9-45所示。

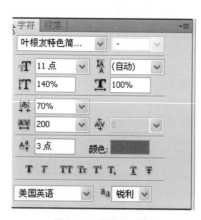

图9-44 调整文字设置

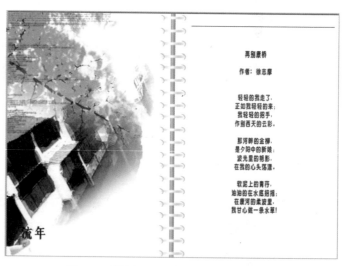

图9-45 最终效果（第9章素材9.7素材1效果）

2.单项选择题

（1）可以对文字的字体、大小、字距和颜色等属性进行设置的调板是（　　）。

A.段落　　　　　　　B.图层　　　　　C.路径　　　　　D.字符

（2）使用（　　）工具可直接创建横向的文字型选区。

A.横排文字　　　　　　　　　　　　B.直排文字

C.横排文字蒙版　　　　　　　　　　D.直排文字蒙版

（3）在Photoshop CS5中，可以对文字进行的操作是（　　）。

A.栅格化文字图层　　　　　　　　　B.转换文字为形状

C.转换文字为路径　　　　　　　　　D.转换文字为选区

（4）在Photoshop中共包括哪些文字工具：（　　）。

A.横排文字工具、直排文字工具、横排文字蒙版工具、直排文字蒙版工具

B.文字工具、文字蒙版工具、路径文字工具、区域文字工具

C.文字工具、文字蒙版工具、横排文字蒙版工具、直排文字蒙版工具

D.横排文字工具、直排文字工具、路径文字工具、区域文字工具

（5）执行菜单栏中的"图层"→"栅格化"命令可以将下列（　　）转换为普通图层。

A.形状图层 　　　　　　　　　　B.背景图层

C.新调整图层 　　　　　　　　　D.文字图层

3.操作题

（1）为图片添加简单的文字说明（图9-46）

(a) 修改前(第9章素材9.7素材2)

(b) 修改后

图9-46　添加文字说明

（2）为照片添加变形文字（图9-47）

(a) 修改前（第9章素材9.7素材3）

(b) 修改后

图9-47　添加变形文字

滤镜

【导语】滤镜主要是用来实现图像的各种特殊效果。它在Photoshop中具有非常神奇的作用。所以Photoshop CS5都按分类放置在菜单中，使用时只需要从该菜单中执行这命令即可。滤镜的操作是非常简单的，但是真正用起来却很难恰到好处。滤镜通常需要同通道、图层等联合使用，才能取得最佳艺术效果。如果想在最适当的时候应用滤镜到最适当的位置，除了平常的美术功底之外，还需要用户对滤镜的熟悉和操控能力，甚至需要具有很丰富的想象力。这样，才能有的放矢地应用滤镜，发挥出艺术才华。

知识目标

- 了解滤镜菜单中各种滤镜相应的效果
- 理解像素化、模糊、艺术效果等滤镜的相关概念
- 掌握各种滤镜命令的基本操作

能力目标

- 能解释各滤镜对话面板参数的设置
- 能充分应用滤镜对图片进行特效处理
- 能掌握多种滤镜相互作用的效果

案例描述

　　根据本章节具体的教学目标和内容，引入案例，引导其进行实例操作，在操作中，学生不但可以巩固相关的理论知识点，而且在操作中可以加深其对滤镜效果的印象，从而可以提高学习效率。例如：单击"滤镜"→"艺术效果"→"霓虹灯光"命令，弹出"霓虹灯光"对话框，点击确定效果如图10-1所示。

案例评析

　　通过案例教学，使得其对知识点一目了然，并使其在掌握基础知识的同时提高实际操作能力和问题解决能力，能够熟练掌握滤镜效果，使图像达到自己满意的效果。

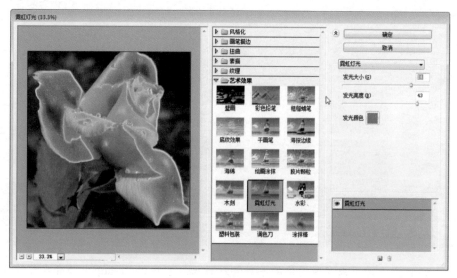

图 10-1 "霓虹灯光"效果

Photoshop 滤镜基本可以分为三个部分：内阙滤镜、内置滤镜（即 Photoshop 自带的滤镜）、外挂滤镜（即第三方滤镜）。内阙滤镜指内阙于 Photoshop 程序内部的滤镜，共6组24个滤镜。内置滤镜指 Photoshop 缺省安装时，Photoshop 安装程序自动安装到 pluging 目录下的滤镜，共12组72个滤镜。外挂滤镜就是除以上两种滤镜以外，由第三方厂商为 Photoshop 所生产的滤镜，它们不仅种类齐全，品种繁多而且功能强大，同时版本与种类也在不断升级与更新。

抽出滤镜在 Photoshop CS4 以上版本中已经没有了，对于习惯使用该命令的来说比较苦恼，在本教材附带光盘第10章教材中有抽出滤镜命令文件包，只需要复制安装到"D：\Adobe\Adobe Photoshop CS5\Plug-ins"下即可（如果 Photoshop CS5 安装目录在 D 盘下）。抽出滤镜能够将一个复杂边缘的对象从背景中分离出来。

10.2.1 主要选项释义

边缘高光器工具：标记所要保留区域的边缘。根据图形的复杂程度相应地调整"画笔大小"。

填充工具：填充要保留的区域。填充的颜色可以在"填充选项"里进行变化。

橡皮工具：可以擦除边缘多余的部分。

吸管工具：当选择"强制前景"选项时，可以选择前景色。

清除工具与边缘修饰工具：按下"预览"选项后，"清除工具"擦除不需要部分，边缘修饰工具对边缘进行修饰。

10.2.2 操作步骤

（1）按【Ctrl】+【O】打开第10章素材10.2素材1中的"人物"图片。

（2）单击"滤镜"→"抽出"命令，弹出"抽出"对话框。使用"边缘高光工具"描出所要选择的部分，如图10-2所示。

（3）选择"填充工具"在封闭区域单击，选择部分被填充，单击"预览"按钮，可以使用"清除工具"和"边缘修饰工具"对选区进行修改，效果满意后，按"确定"键，将所抠出的图配以需要的底图（见第10章素材10.2素材2），如图10-3所示。

图10-2　指出所要选择的部分

图10-3　最终效果

滤镜库是Photoshop提供给用户的一个快速、便捷的滤镜工具平台，为了得到满意的滤镜效果，它可以完成添加多个滤镜操作的任务，并且可以重复修改使用的先后次序和滤镜的参数。使滤镜的应用和预览变得直观与简便。

操作步骤如下。

（1）按【Ctrl】+【O】打开素材中的"风景"图片。

（2）单击"滤镜"→"滤镜库"命令，弹出"滤镜库"对话框，如图10-4所示。

图10-4　"滤镜库"对话框

（3）按面板左下角  可以对图像进行缩放显示。

（4）如图10-4所示，中间部分是"滤镜下拉菜单"，该下拉菜单以缩略图的形式展示出所有的滤镜效果，单击其中的"缩略图"就可以预览相应的滤镜效果。

（5）如图10-4所示，右上角部分是相应的滤镜参数，可以根据要求进行设置。

（6）如图10-4所示，右下角部分是"应用到图像上的滤镜列表"，可以点击右下角的"新建效果图层"添加新的滤镜效果，也可以点击"删除效果图层"删除不要的滤镜效果。

10.4 "液化"滤镜

"液化"滤镜可以对图形进行扭曲变形。

10.4.1 主要选项释义

向前变形工具：选择该工具在图形上涂抹，产生相应方向的变形效果。

重建工具：选择该工具可以使图形恢复原状。

顺时针旋转工具：使图像产生顺时针旋转效果。

皱褶工具：使图像产生挤压收缩效果。

膨胀工具：使图像产生膨胀效果。

左推工具：使图像产生向左挤压变形效果。

镜像工具：使图像产生镜像变形效果。

湍流工具：使图像产生水纹一样的变形效果。

冻结蒙版工具与解冻蒙版工具：保护图像中不需要变形的区域，图像被"冻结工具"操作过的区域在使用其他变形工具时不发生改变。"解冻蒙版工具"可以解除这种保护功能。

10.4.2 操作步骤

（1）按【Ctrl】+【O】打开素材中的"风景"图片。

（2）单击"滤镜"→"液化"命令，弹出"液化"滤镜面板，如图10-5所示。

图10-5 "液化"滤镜面板

（3）"工具选项"中调整相应的参数，使变形的效果产生变化。

（4）"重建选项"，选择"重建模式"下拉菜单不同模式进行重建，"重建"按钮进行逐阶恢复效果，"恢复全部"是一种一次完全恢复效果。

10.5 "艺术效果"滤镜

"艺术效果"滤镜可以模拟各种绘画风格和绘画技巧。经过不同的操作，它能产生油画、水彩画、铅笔画、粉笔画、水粉画等各种不同的艺术效果。

10.5.1 "塑料包装"效果

操作步骤如下。

（1）按【Ctrl】+【O】打开第10章素材10.5素材1中的"花"图片。

（2）单击"滤镜"→"艺术效果"→"塑料包装"命令，弹出"塑料包装"对话框，如图10-6所示。

（3）调整相应参数，得到最终效果。

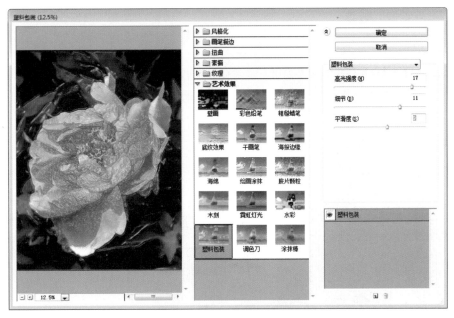

图10-6 "塑料包装"对话框

10.5.2 "壁画"效果

操作步骤如下。

（1）按【Ctrl】+【O】打开第10章素材10.2素材2中的"风景"图片。

（2）单击"滤镜"→"艺术效果"→"壁画"命令，弹出"壁画"对话框，如图10-7所示。

（3）调整相应参数，得到最终效果。

图 10-7　"壁画"对话框

10.5.3　"彩色铅笔"效果

操作步骤如下。

（1）按【Ctrl】+【O】打开第 10 章素材 10.5 素材 1 中的"花"图片。

（2）单击"滤镜"→"艺术效果"→"彩色铅笔"命令，弹出"彩色铅笔"对话框，如图 10-8 所示。

（3）调整相应参数，得到最终效果。

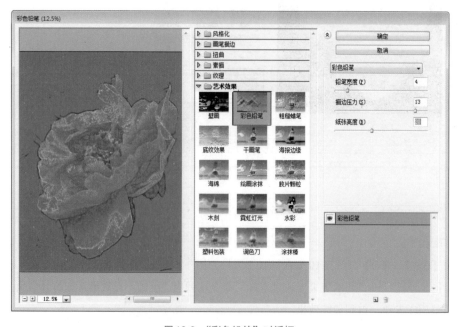

图 10-8　"彩色铅笔"对话框

10.5.4 "海绵"效果

操作步骤如下。

（1）按【Ctrl】+【O】打开第10章素材10.2素材2中的"风景"图片。

（2）单击"滤镜"→"艺术效果"→"海绵"命令，弹出"海绵"对话框，如图10-9所示。

（3）调整相应参数，得到最终效果。

图 10-9　"海绵"对话框

10.5.5 "霓虹灯光"效果

操作步骤如下。

（1）按【Ctrl】+【O】打开第10章素材10.5素材1中的"花"图片。

（2）单击"滤镜"→"艺术效果"→"霓虹灯"命令，弹出"霓虹灯"对话框，如图10-10所示。

（3）调整相应参数，得到最终效果。

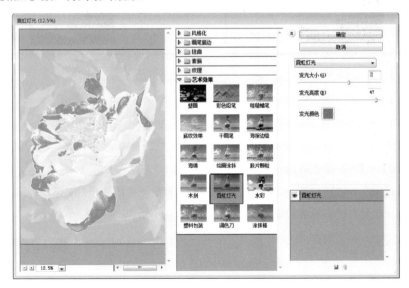

图 10-10　"霓虹灯"对话框

10.6 "扭曲"滤镜

"扭曲"滤镜通过对图形不同方式的扭曲改变，能够使图像形成例如类似玻璃、海浪、水纹等效果。

10.6.1 "切边"效果

操作步骤如下。

（1）按【Ctrl】+【O】打开第10章素材10.5素材1中的"花"图片。

（2）单击"滤镜"→"扭曲"→"切变"命令，弹出"切变"对话框，如图10-11所示。

（3）单击虚线九宫格中的实线可以增加节点，鼠标左键点击节点不放，可以左右上下移动节点，图形中相对应的部分产生移动变化。

（4）"未定义区域"：对于未定义的区域有两种形式表现，一种是"重复边缘像素"（如图10-11所示），一种是"折回"（如图10-12所示）。

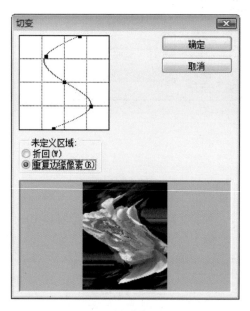

图10-11 "切变"对话框

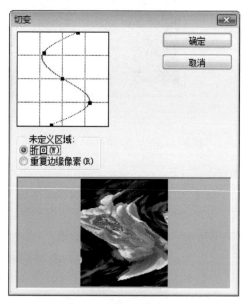

图10-12

10.6.2 "扩散亮光"效果

操作步骤如下。

（1）按【Ctrl】+【O】打开第10章素材10.5素材1中的"花"图片。

（2）单击"滤镜"→"扭曲"→"扩散亮光"命令，弹出"扩散亮光"对话框，如图10-13所示。

（3）调整相应参数，得到最终效果。

10.6.3 "挤压"效果

操作步骤如下。

（1）按【Ctrl】+【O】打开第10章素材10.5素材1中的"花"图片。

图10-13 "扩散亮光"对话框

（2）单击"滤镜"→"扭曲"→"挤压"命令，弹出"挤压"对话框，如图10-14所示。

（3）调整"数量"参数，参数越大挤压效果越明显，如图10-14所示。参数越小图像产生球形效果越明显，如图10-15所示。

图10-14 "挤压"对话框

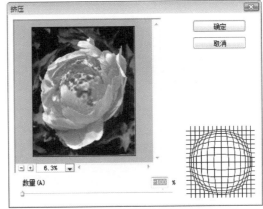

图10-15 球形效果明显

10.6.4 "旋转扭曲"效果

操作步骤如下。

（1）按【Ctrl】+【O】打开素材中的"花"图片。

（2）单击"滤镜"→"扭曲"→"旋转扭曲"命令，弹出"旋转扭曲"对话框。如图10-16所示。

（3）调整"数量"参数，参数越大沿画面中心顺时针方向旋转扭曲，如图10-16所示。参数越小沿画面中心逆时针方向旋转扭曲，如图10-17所示。

图 10-16　顺时针方向旋转扭曲

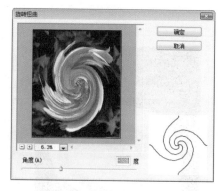

图 10-17　逆时针方向旋转扭曲

10.6.5　"水波"效果

操作步骤如下。

（1）按【Ctrl】+【O】打开第 10 章素材 10.5 素材 1 中的"花"图片。

（2）单击"滤镜"→"扭曲"→"水波"命令，弹出"水波"对话框，如图 10-18 所示。

（3）"水波"滤镜有 3 种样式，分别是：围绕中心、从中心向外、水池波纹。围绕中心样式如图 10-19 所示；从中心向外样式如图 10-20 所示，水池波纹如图 10-21 所示。选择好相应的样式，调整数量与起伏参数最终达到理想的效果。

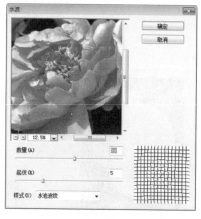

图 10-18　"水波"对话框

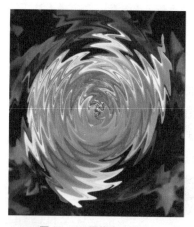

图 10-19　围绕中心样式

图 10-20　从中心向外样式

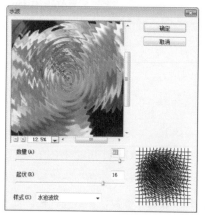

图 10-21　水池波纹样式

10.7 "模糊"滤镜

"模糊"滤镜组用于模糊、柔化图像或图像局部，使图像产生一种特殊的视觉效果，在处理图片效果时，"模糊"滤镜被广泛地使用。

10.7.1 "动感模糊"效果

"动感模糊"滤镜的使用能使图像产生一种向某个方向运动的效果，类似与摄像中以固定的曝光时间对运动的物体进行拍摄效果。

操作步骤如下。

（1）按【Ctrl】+【O】打开第10章素材10.7素材1中的图片。

（2）单击"滤镜"→"模糊"→"动感模糊"命令，弹出"动感模糊"对话框，如图10-22所示。

（3）"角度"，"动感模糊"的角度也就是图像中物体运动方向可以360°调整，"距离"是物体运动模糊的强度的调整，参数越大模糊的效果越强烈。

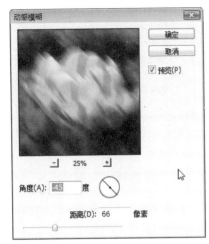

图 10-22　"动感模糊"对话框

10.7.2 "径向模糊"效果

"径向模糊"是以图像的中心点向外旋转和发射性模糊的一种效果。

操作步骤如下。

（1）按【Ctrl】+【O】打开第10章素材10.7素材1中的图片。

（2）单击"滤镜"→"模糊"→"径向模糊"命令，弹出"径向模糊"对话框。

（3）"模糊方法"有旋转和缩放两种模式。"旋转"模式，如图10-23所示，选择好旋转命令后，调整数量值可以改变旋转的角度。图形效果如图10-24所示。"缩放"模式，如图10-25所示，选择好缩放命令后，调整数量值可以改变缩放模糊的强度。图形效果如图10-26所示。

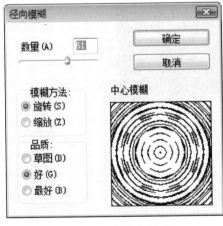

图 10-23　"旋转"模式

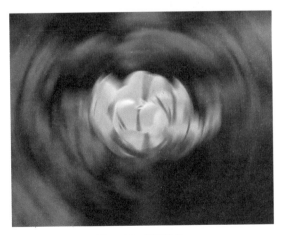

图 10-24　图形效果

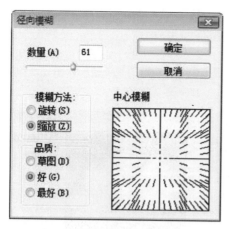

图 10-25 "缩放"模式

图 10-26 图形效果

10.7.3 "特殊模糊"效果

"特殊模糊"对图像进行更为精确而且可控制的模糊处理，可以减少图像中的褶皱模糊或除去图像中多余的边缘。

操作步骤如下。

（1）按【Ctrl】+【O】打开第 10 章素材 10.5 素材 1 中的图片。

（2）单击"滤镜"→"模糊"→"特殊模糊"命令，弹出"特殊模糊"对话框，如图 10-27 所示。

（3）对"半径"和"阈值"进行调整以达到需要的模糊效果，如图 10-27 所示，"模式"里的"仅限边缘"和"叠加边缘"会产生出边缘线框效果，"仅限边缘"效果如图 10-28 所示，"叠加边缘"效果如图 10-29 所示。

图 10-27 "特殊模糊"对话框

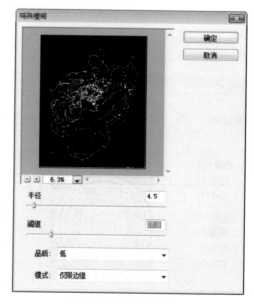

图 10-28 "仅限边缘"效果

10.7.4 "高斯模糊"效果

"高斯模糊"通常用它来减小图像噪声以及降低细节层次。这种模糊技术生成的图像的视觉效果是好像经过一个半透明的屏幕观察图像。

操作步骤如下。

（1）按【Ctrl】+【O】打开第10章素材10.5素材1中的图片。

（2）单击"滤镜"→"模糊"→"高斯模糊"命令，弹出"高斯模糊"对话框，如图10-30所示。

（3）对"半径"进行调整以达到需要的高斯模糊效果，参数越大模糊效果越明显。

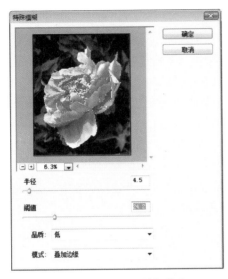

图 10-29 "叠加边缘"效果

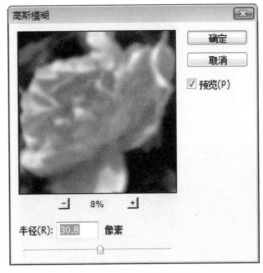

图 10-30 "高斯模糊"对话框

10.8 "渲染"滤镜

10.8.1 "云彩"效果

操作步骤如下。

（1）按【Ctrl】+【N】"弹出新建对话框，新建15cm×15cm的画布。

（2）单击"滤镜"→"渲染"→"云彩"命令，在画布上会产生类似云彩的肌理效果，图形纹理与背景的颜色分别是前景色与背景色，按【Ctrl】+【F】可以产生不同的随机效果。如图10-31所示。

10.8.2 光照效果

"光照效果"滤镜是一个设置复杂、功能极强的滤镜，它有17种不同的光照风格、3种光照类型和4组光照属性。主要用于制作光照效果，通过对光源、光色、聚焦和物体反射特性等参数的设置来

图 10-31 "云彩"效果

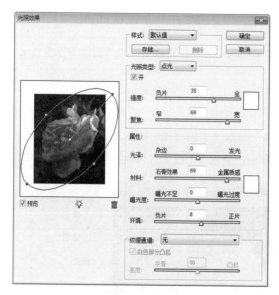

图 10-32 "光照效果"对话框

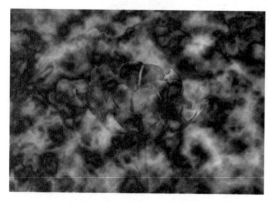

图 10-33 "分层云彩"效果

图 10-34 "镜头光晕"效果

实现三维光影环境。

操作步骤如下。

（1）按【Ctrl】+【O】打开第10章素材10.5素材1中的图片。

（2）单击"滤镜"→"渲染"→"光照效果"命令，弹出"光照效果"对话框，如图10-32所示。

（3）"样式"中有17种不同的灯光样式可供选择。

"光照类型"包括3种类型的光照模式："点光、平行光、全光源"可供选择。"强度"与"聚焦"分别可以调整光的强度与光照范围。

"属性"选项区用于设置灯光性质，控制光线照在物体上的效果，能够表现出物体的材质与反光特性，有四个参数可调整，"光泽"、"材料"、"曝光度"和"环境"。

"纹理通道"可以产生浮雕效果，这种效果与加入纹样相对应。

10.8.3 "分层云彩"效果

"分层云彩"能够使前景色和背景色随机地混合而形成一种云彩效果，然后再将图像和云彩进行混合并反相。

操作步骤如下。

（1）按【Ctrl】+【O】打开第10章素材10.7素材1中的图片。

（2）单击"滤镜"→"渲染"→"分层云彩"命令。如图10-33所示。

（3）按【Ctrl】+【F】"可重复"分层云彩"效果，直到满意为止。

10.8.4 "镜头光晕"效果

"镜头光晕"能够使图像中的物体产生镜头光晕的效果，通过不同的镜头类型可以产生不同的光晕效果。

操作步骤如下。

（1）按【Ctrl】+【O】打开第10章素材10.8素材1中的图片。

（2）单击"滤镜"→"渲染"→"镜头光晕"命令。如图10-34所示。

（3）在预览图中单击鼠标可以改变光晕位置，"亮度"可调整光晕的大小与强度；"镜头类型"可选择光晕的样式。

10.9 "画笔描边"滤镜

"画笔描边"滤镜组中共包含有8个滤镜命令。该组滤镜主要使用不同的画笔和油墨进行描边，从而创建出具有绘画效果的图像外观。需要注意的是，该组滤镜只能在RGB模式、灰度模式和多通道模式下使用。

10.9.1 "喷溅"效果

使用"喷溅"滤镜命令可以在图像中模拟使用喷溅喷枪后颜色颗粒飞溅的效果。

操作步骤如下。

（1）按【Ctrl】+【O】打开第10章素材10.8素材1中的图片。

（2）单击"滤镜"→"画笔描边"→"喷溅"命令。如图10-35所示。

图10-35 "喷溅"对话框

（3）"喷色半径"值越大，溅射的范围越大；"平滑度"值越大，喷溅的纹理越平滑细腻。

10.9.2 "喷色描边"效果

"喷色描边"滤镜和"喷溅"滤镜很相似，不同的是该滤镜产生的是可以控制方向的飞溅效果，而"喷溅"滤镜产生的喷溅效果没有方向性。

操作步骤如下。

（1）按【Ctrl】+【O】打开第10章素材10.8素材1中的图片。

（2）单击"滤镜"→"画笔描边"→"喷色描边"命令。如图10-36所示。

（3）"描边长度"选项决定飞溅笔触的长度；"喷色半径"选项设置图像溅开的程度；"描边方向"选项设置飞溅笔触的方向。

图 10-36 "喷色描边"对话框

10.9.3 "强化的边缘"效果

"强化的边缘"滤镜主要用于强化图像中不同颜色之间的边界,在图像的边线部分上绘制形成颜色对比的颜色,使图像产生一种强调边缘的效果。

操作步骤如下。

(1) 按【Ctrl】+【O】打开第 10 章素材 10.7 素材 1 中的图片。

(2) 单击"滤镜"→"画笔描边"→"强化的边缘"命令。如图 10-37 所示。

(3)"边缘宽度"用于设置勾画的边缘宽度;"边缘亮度"的值越大,边缘越亮;"平滑度"决定勾画细节的多少,值越小,图像的轮廓越清晰。

图 10-37

10.9.4 "成角的线条"效果

"成角的线条"滤镜可以产生一种无一致方向倾斜的笔触效果,在不同的颜色中笔触倾斜角度也不同。使用某个方向的线条绘制图像的亮区,而使用相反方向的线条绘制图像的暗区。

操作步骤如下。

(1)按【Ctrl】+【O】打开第10章素材10.8素材1中的图片。

(2)单击"滤镜"→"画笔描边"→"成角的线条"命令。如图10-38所示。

(3)"方向平衡"设置笔画方向的差异。该选项值的范围为0~100,当值为"0"或"100"的时候,笔画的方向统一向一侧倾斜;为中间值时笔画方向呈混乱状。

"描边长度"值越大,笔画越长;"锐化程度"值越大,笔画越明显。

图10-38 "成角的线条"对话框

综合训练题

1.实例演练

乌云效果

操作步骤如下。

(1)按【Ctrl】+【N】弹出新建对话框,新建60cm×40cm的画布。

(2)使用"渐变工具"从下向上拉出黑白渐变效果,如图10-39所示。

(3)单击"滤镜"→"渲染"→"分层云彩"命令。如图10-40所示。

图 10-39　黑白渐变效果　　　　　　　　　　　　　　　　　　图 10-40

（4）按【Ctrl】+【I】反相，如图 10-41 所示。

图 10-41

（5）单击菜单"图像"→"调整"→"色阶"，弹出"色阶"对话框，对色阶进行调整，如图 10-42 所示，画面效果如图 10-43 所示。按【Ctrl】+【S】保存图片为"乌云"。

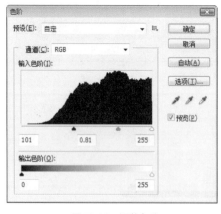

图 10-42　调整色阶

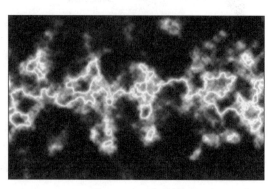

图 10-43　画面效果

（6）按【Ctrl】+【O】打开第 10 章素材 10.10 素材 1 中的"风景"图片。

（7）用"移动工具"直接把"乌云"图片拖拉到"风景"中，"图层的混合模式"设置为"变暗"，并点击图层面板下面的"增加图层面板"在乌云图层增加图层蒙版，如图 10-44 所示，图像效果如图 10-45 所示。

（8）在蒙版图层使用"渐变工具"从下往上拉，再使用"画笔工具"降低"不透明度"与"流量"，在画面上擦拭去不需要的部分，最终效果如图 10-46 所示。

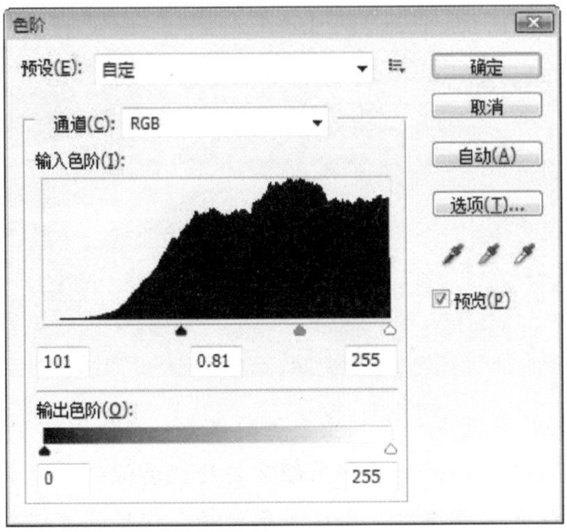

图 10-45　图像效果

图 10-44

图 10-46　最终效果

2. 单项选择题

（1）要想重新应用上次使用过的滤镜，可以按（　　）键。

　A. Ctrl+Z　　　　　　　　B. Ctrl+F　　　　　　　C. Ctrl+C　　　　　　D. Ctrl+A

（2）抽出滤镜中哪个选项的作用是标记所要保留区域的边缘。（　　）

　A. 边缘高光器工具　　　　　　　　　　B. 填充工具

　C. 橡皮擦工具　　　　　　　　　　　　D. 吸管工具

（3）"特殊模糊"滤镜中能只显示线条的选项是：（　　）

　A. 叠加边缘　　　　　　　　　　　　　B. 仅限边缘

　C. 半径　　　　　　　　　　　　　　　D. 阈值

3. 操作题

（1）使用滤镜制作如图 10-47 所示效果。

（2）使用滤镜给图片增加光晕效果，如图 10-48 所示。

图 10-47

图 10-48

动作

【导语】Photoshop中的Action"动作"可以帮助快速完成一系列重复性的任务，在使用"动作"时，实际上是播放了单个文件或一批文件的一系列命令。例如，如果经常要处理类似的大量数码相片，需要将照片调整为统一尺寸，并自动调整颜色、对比度、亮度、色阶等，这里就可以将所有这些命令录制为动作，然后为这些文件播放这些动作即可。

知识目标
- 了解动作控制面板
- 理解录制、动作组、播放等相关概念
- 掌握录制动作、批处理、Web照片画廊基本操作

能力目标
- 能解释动作录制的原理，批处理图片的流程
- 能充分应用动作控制面板
- 能掌握动作的基本操作

案例描述

　　根据本章节具体的教学目标和内容，引入案例，引导学习者进行具体操作、巩固概念，在实际的操作中，可以使其理解"动作"面板中相关的选项和命令。例如：在动作面板中选择"播放选定的动作"按钮可以使当前图片产生所选动作效果。如图11-1所示。

图11-1

案例评析

通过案例教学，使其对知识点一目了然，在掌握基础知识的同时提高实际操作能力和问题解决能力，能够熟练地对所需图片进行"动作"命令相关操作。

11.1 动作控制面板

"动作"可以简化图像编辑步骤，提高工作效率。它可以把Photoshop中的操作过程记录下来以便再次使用，简化了中间烦琐的步骤。

所谓"动作"，实际上是由自定义的操作步骤组成的批处理命令，它会根据定义操作步骤的顺序逐一显示在动作浮动面板中，这个过程称之为"录制"。以后需要对图像进行此类重复操作时，只需把录制的动作"搬"出来，按一下"播放"，一系列的动作就会应用在新的图像中了。

动作控制面板介绍如下。

执行菜单"窗口→动作"调出"动作"面板，也可按下快捷键【Alt】+【F9】调出该面板。

"动作"可以简化图像编辑步骤，提高工作效率。它可以把Photoshop中的操作过程记录下来以便再次使用，简化了中间烦琐的步骤。动作控制面板是建立、编辑与执行动作的对话框，如图11-2所示。

图 11-2　动作控制面板

该控制面板中的主要选项释义如下。

动作组：类似文件夹，用来组织一个或多个动作。

动作：一般会起比较容易记忆的名字，点击名字左侧的小三角可展开该动作。

动作步骤：动作中每一个单独的操作步骤，展开后会出现相应的参数细节。

复选标记：黑色对勾代表该组、动作或步骤可用。而红色对勾代表不可用。

动画模式控制图标：如为黑色，那么在每个启动的对话框或者对应一个按回车键选择的步骤中都包括一个暂停。如为红色，代表这里至少有一个暂停等待输入的步骤。

面板选项菜单：包含与动作相关的多个菜单项，提供更丰富的设置内容。

停止：单击后停止记录或播放。

记录：单击即可开始记录，红色凹陷状态表示记录正在进行中。

播放：单击即可运行选中的动作。

创建新组：单击创建一个新组，用来组织单个或多个动作。

创建新动作：单击创建一个新动作的名称、快捷键等，并且同样具有录制功能。

删除：删除一个或多个动作或组。

另外，如从面板的选项菜单中选择"按钮模式"，可将每个动作以按钮状态显示，这样可以在有限的空间中列出更多的动作，以简单明了的方式呈现。

11.2　编辑动作

11.2.1　录制动作

（1）录制自己的动作

录制自己的动作，需要遵循以下步骤。

① 建立一个动作组，这有利于区别其他的众多组，便于后期的管理。

② 建立动作，输入该动作的名称，选择其快捷键和外观颜色。确定后，即开始录制。

③ 开始具体的操作，这些操作会被动作所录制。

④ 如需要提示，或提醒用户设置何种参数，可插入一个停止。面板选项菜单中选择"插入停止"，并在出现的对话框中输入信息。

⑤ 录制过程中，可以临时停止，并在之后继续录制。

以上操作非常简单，读者可以参考图11-2中的相应按钮，点击即可实现，因此这里不再赘述。

（2）不能被直接记录的命令和操作

动作也并非是万能的，它更善于记录一些比较机械性的命令、对话框和参数。对于一些随机性比较强的或一些特殊的面板，它也有无能为力的时候，以下为不能被直接记录的命令和操作。

① 使用钢笔工具手绘的路径不能在绘制过程中被记录。

② 基于笔触的大多数绘制和润饰工具在操作过程中不能被记录，比如画笔工具、污点修复画笔工具、仿制图章工具等。

③ 选项栏、面板和对话框中的部分参数不能够被记录。

④ 用来改变操作环境，而非针对文件本身的操作不能被记录。如窗口和视图菜单中的大部分命令。

录制动作的具体操作以做一副立体字为例。

操作步骤如下。

① 按【Ctrl】+【N】键弹出新建对话框，新建60cm×40cm的画布。

② 填充背景层为黑色，用文字工具在画布上输入文字。

③ 在图层面板，单击文字图层右键，出现隐藏命令，点击"栅格化图层"，如图11-3所示。

④ 单击动作控制面板底部按钮 ▭ ，打开新建组对话框，命名为"立体字"，如图11-4所示，单击确定键。

图11-3

图11-4

⑤ 单击动作控制面板底部按钮 ![img], 打开新建动作对话框, 命名为"立体字1", 如图11-5所示, 单击确定键。

图 11-5

⑥ 点击控制面板底部"开始记录"键 ⚫ 。

⑦ 回到图层面板, 当鼠标放置在"SOS"图层上时, 显示为手的形状, 点击鼠标不放移向图层面板底部"创建新图层"键 ![img] 放开鼠标, 复制 "SOS"图层副本, 用鼠标点击"SOS"副本不放向下拉到"SOS"图层下面(这部分很重要), 如图11-6所示。

⑧ 点击"SOS"副本图层, 使用键盘方向键向上和向右分别移动两次, 单击菜单"图像"→"调整"→"亮度/对比度", 打开"亮度/对比度"对话框如图11-7所示, 调整亮度为15, 图形效果如图11-8所示。

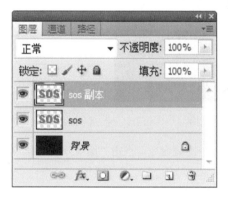

图 11-6

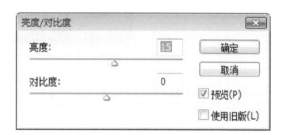

图 11-7

⑨ 在"动作控制面板"中, 点击"停止播放/记录" ![img], 关闭动作记录。点击"播放键" ▶ 10次, 最终效果如图11-9所示。

图 11-8

图 11-9

(3)添加下载的动作

可以从网络上下载其他Photoshop用户录制的动作集, 大多数为免费资源, 这些动作集以文件形式存在, 扩展名为AIN。可以通过以下方法载入这些动作集。

① 在Windows中双击该AIN文件, 即可将该动作集载入。

② 在Windows中将该AIN文件拖入Photoshop中, 即可添加至动作面板。

③ 通过面板的选项菜单命令"载入动作"将该 AIN 文件载入动作面板。

④ 如希望一次性添加多个动作集，可在 Windows 中选择多个 AIN 文件拖入 Photoshop；也可以在 Bridge 中选择多个 AIN 文件并双击。

添加下载的动作以载入暴风雪效果为例。

操作步骤如下。

① 按【Ctrl】+【O】打开第 11 章素材中的 11.2 素材 1"风景"图片，如图 11-10 所示。

图 11-10

② 点击动作控制面板中右上角小三角按钮，打开动作中隐藏命令，点击"图像效果"命令，如图 11-11 所示。

③ 点击动作控制面板"图像效果"中"暴风雪"这一动作组，如图 11-12 所示。

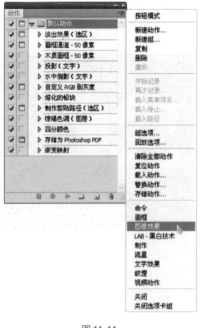

图 11-11   图 11-12

④ 点击"播放"按钮，最终效果如图 11-13 所示（见第 11 章下雪风景效果）。

图 11-13

11.2.2　修改动作中的参数

"插入操作"：选择"动作控制面板"中"开始记录"选项，可在动作的中间或末尾添加新的操作。若当前所选的是动作，选择该命令或单击"动作"控制面板中的"开始记录"按钮，新记录的操作将被添加到动作的末尾；若当前所选的是动作中的某个命令，则新记录的操作将被插入到该动作之后。

"再次记录"：点击"动作控制面板"右上角的下拉菜单"再次记录"命令选项，可以对动作重新进行记录，记录时会弹出相应的原有动作对话框，可以对其参数进行改动。

"插入菜单项目"：在记录动作时，一些操作是无法记录的，如绘画、视图放到和缩小操作，使用"插入菜单项目"选项可以将许多不可记录的命令插入到动作中。点击"动作控制面板"右上角的下拉菜单"插入菜单项目"选项，弹出"插入菜单项目"对话框，选择相应的菜单命令，然后单击"确定"即可。

"插入路径"：在记录动作时，动作无法记录路径的操作，可以通过"插入路径"来实现对路径的记录。首先在动作中选定插入路径的位置，然后到"路径控制面板"中选定要插入的路径，点击"动作控制面板"右上角的下拉菜单"插入路径"选项即可。

11.3　批处理

"批处理"就是指将一个已设定好的动作应用于一个指定的文件夹下所有的图片，或当前已打开的多幅图片，从而大大节省了操作时间。

主要选项释义如下。

"播放"：在该选项区域中选择应用与批处理的动作，选择"动作组"及"动作"。

"源"：该选区选择需要批处理的图片文件夹。

"目标"：该选区用于设置处理后的图片文件保存的位置。

操作步骤如下。

① 单击"文件"→"自动"→"批处理"命令，弹出"批处理"对话框，如图 11-14 所示。

② 在"播放"选项面板中，选择应用于批处理的动作所在组及动作。

③ 在"源"选项区域中单击"选择"按钮，选择要处理的图片文件夹。

④ 在"目标"选项区单击"选择"按钮，选取图片处理的目标文件夹。

⑤ 设置完参数后，单击"确定"键，软件会在对打开图片进行，并执行所选动作。

录制动作的具体操作以做人物的黑白效果为例。

操作步骤如下。

① 建立文件夹"AAA"，把要批处理的图片放置到文件夹内，建立"BBB"文件夹作为"批处理"的目标文件夹。

② 按【Ctrl】+【O】打开第11章素材中的11.3素材1"人物"图片。

③ 选择"窗口"→"动作"命令，打开"动作命令面板"，如图11-15所示。

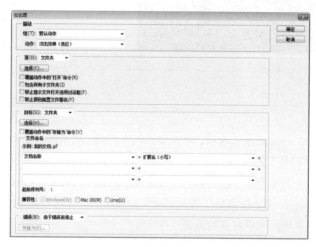

图11-14 图11-15

④ 点击动作命令面板底部"创建新组" 按钮，在弹出的对话框中输入名称"黑白效果"，如图11-16所示。

⑤ 单击确定按钮，点击"动作控制面板"底部"创建新动作" 按钮，弹出新动作对话框，输入名称"去色"，选择组为"黑白效果"，可设置"功能键"为"F2"，如图11-17所示。

图11-16 图11-17

⑥ 点击"记录" 按钮，开始记录状态，如图11-18所示。

⑦ 选择"人物"图片，单击菜单"图像"→"模式"→"灰度命令"，使"人物"图片成为黑白模式，如图11-19所示。

⑧ 点击"停止记录" 按钮，批处理前的动作录制结束。

⑨ 单击菜单"文件"→"自动"→"批处理"，弹出"批处理"对话框，如图11-20所示。

⑩ 在"播放"选项面板中，选择组"黑白效果"及动作"去色"，在"源"选项区域中，选择"文件夹"，单击"选择"按钮，选择"AAA"文件夹。在"目标"选项区，选择"文件夹"，单击"选择"按钮，选取"BBB"目标文件夹。设置完参数后，单击"确定"键。

⑪ 这样文件夹"AAA"中所有的图片都会成为黑白效果。

图 11-18   图 11-19

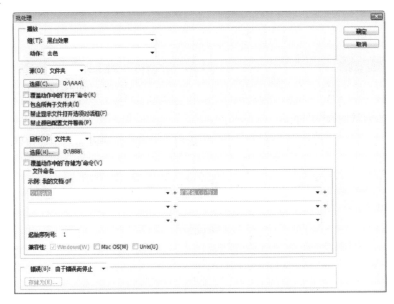

图 11-20

综合训练题

1.实例演练

（1）录制动作练习

① 按【Ctrl】+【N】键弹出新建对话框，新建 50cm×50cm 的画布。

② 单击菜单"视图"→"标尺"命令，同时在单击"视图"→"显示"→"网格"，如图 11-21 所示。画布同时显示出网格与标尺，如图 11-22 所示。

图 11-21   图 11-22

③ 设置前景色为默认颜色黑色。

④ 用钢笔工具，在"工具栏"上选择"路径" ▩ 模式，然后选择画布的中心点进行勾画，效果如图 11-23 所示。

⑤ 单击【F7】打开图层面板，点击"创建新建图层" ▣ 按钮，在"图层属性"对话框中命名图层为"发射"，如图 11-24 所示。

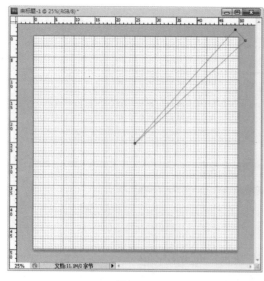

图 11-23   图 11-24

⑥ 点击菜单"窗口"→"路径"，打开"路径控制面板"，单击"填充" ◉ 按钮，效果如图 11-25

所示。

⑦ 单击菜单"窗口"→"路径"，点击空白处，取消路径选择状态。

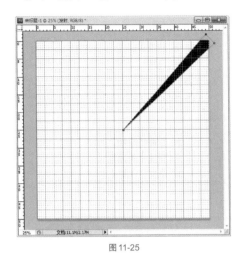

图 11-26

图 11-25

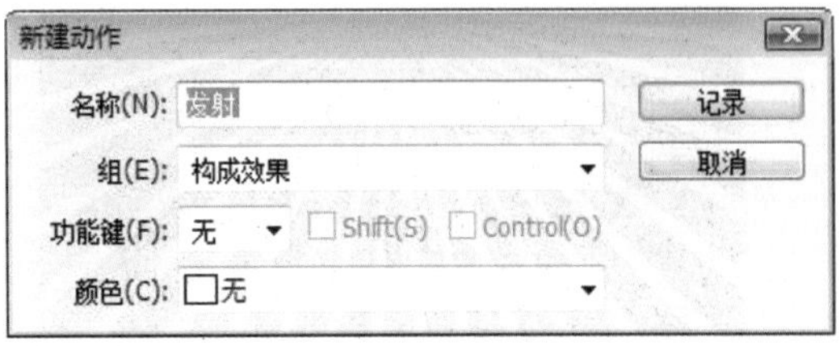

图 11-27

⑧ 点击快捷键【Alt】+【F9】，打开"动作控制面板"，单击面板底部"创建新组" ▢ 按钮，在弹出的"新建组"对话框中把名称命名为"构成效果"，如图 11-26 所示；再次点击"创建新动作"按钮 ▣ ，打开"创建新动作"对话框，名称为"发射"，组为"构成效果"如图 11-27 所示。

⑨ 在"动作控制面板"中，点击"开始记录" ⏺ 按钮，开始记录动作。

⑩ 返回到图层面板，用鼠标左键点击"发射图层"不放拖拉到"创建新图层" ▣ 图标上松开，复制了发射层副本，如图 11-28 所示。

⑪ 点击快捷键【Ctrl】+【T】键，使"发射副本"处于"自由变换"命令状态，用鼠标点住控制中心点移动到画布中心点放开。

⑫ 在"工具栏"上 △ 8 度 输入 8，按确定键，效果如图 11-29 所示。

图 11-28

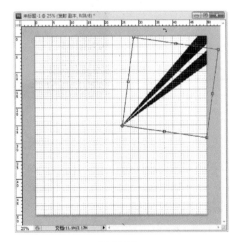

图 11-29

⑬ 在"动作控制面板"中，点击"停在播放/记录" ▪ ，关闭动作记录。连续点击"播放键" ▶ ，最终效果如图 11-30 所示。

（2）批处理命令练习

① 按【Ctrl】+【O】打开第 11 章素材中的 11.4 素材 1 "花"图片。

②打开动作命令面板，新建"动作"素描效果，点击开始记录，如图11-31所示。

③点击"滤镜"→"素描"→"绘图笔"命令，效果如图11-32所示。

图 11-30

图 11-31

图 11-32

④ 建立文件夹"AAA"把需要进行素描效果处理的图片拷贝入这个文件夹，同时建立"BBB"文件夹，以作完成效果的图片存入。

⑤ 单击菜单"文件"→"自动"→"批处理"命令，选择动作里的"素描效果"，在"源"选项区点击"选择"按钮，选择文件夹"AAA"，在"目标"选项区选择"BBB"如图11-33所示，后点击"确定"。

⑥ 文件夹"BBB"中其他图片也会自动执行素描效果的动作命令。

2.单项选择题

（1）命令面板，什么命令可以对动作重新进行记录？（　　　）

A. 开始记录

B. 插入菜单项目

C. 播放选定动作

D. 再次记录

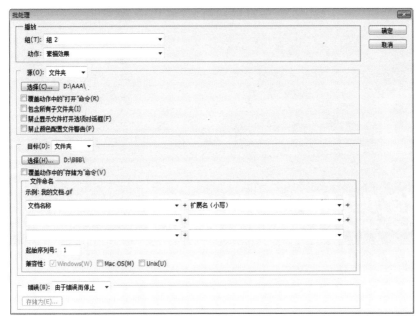

图 11-33

（2）"批处理"命令在什么菜单中？（　　　）

A. 开始　　　　　　　　　　　　　　　B. 编辑

C. 图像　　　　　　　　　　　　　　　D. 图层

3. 操作题

使用"动作"命令面板实现如图11-34的效果。

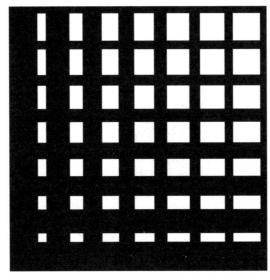

图 11-34

图像制作流程案例

案例12-1　椅子的颜色改变

（1）操作步骤（见光盘）

① 打开案例12-1素材文件，并复制背景图层，如图12-1所示。

图12-1

② 单击"图层"→"调整"→"替换颜色"命令。

③ 调整参数。

④ 将图中椅子的颜色调整为绿灰色。

⑤ 最终效果如图12-2所示。

图 12-2

（2）案例说明

本案例主要用调整中的替换颜色命令来处理图中的色彩变化，这是图片修改中的常用命令。如处理背景、人物的衣服、局部的颜色等。

案例 12-2　制作仿旧照片

（1）操作步骤（见光盘）

① 打开案例 12-2 素材背景图片，如图 12-3 所示。

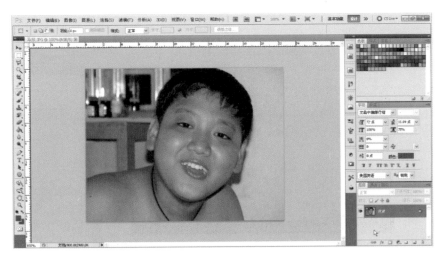

图 12-3

② 复制背景图层并调整其"色相／对比度"，并且调整其"色彩平衡"。

③ 按快捷键【Ctrl】+【L】调整其曲线，在通道中选择"绿"色。

④ 选择菜单"图层"→"新建调整图层"→"渐变映射"功能，应用默认的黑白渐变。

⑤ 使用滤镜处理图像，点击"滤镜"→"纹理"→"颗粒"。

⑥ 最终效果如图 12-4 所示。

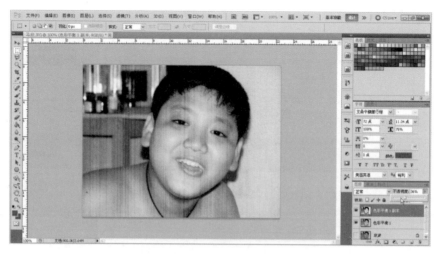

图 12-4

（2）案例说明

本案例主要应用调整中的"色相/饱和度"、"色彩平衡"等调整命令调整图像的色彩倾向，同时加入滤镜的颗粒处理加强图片的颗粒效果，增强图片的仿旧效果。

（1）操作步骤（见光盘）

① 打开案例12-3素材的修改图片，如图12-5所示。

② 增加背景图层并填色，同时给修改图片增加描边命令。

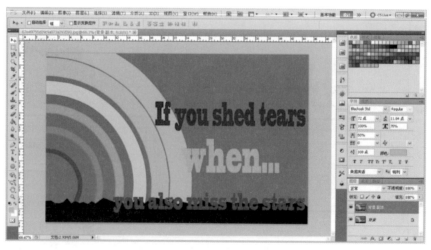

图 12-5

③ 使用套索工具，在图中任意选取一块。

④ 使用【Ctrl】+【X】键裁剪选中的图像。

⑤ 使用【Ctrl】+【V】键复制选中的图像，并在图层混合样式中增加投影。

⑥ 调整其位置，最终效果如图12-6所示。

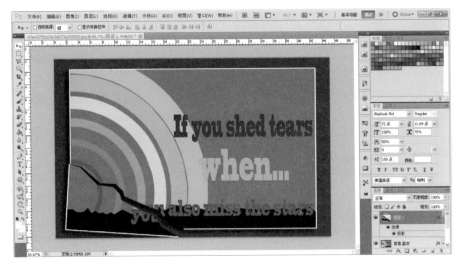

图 12-6

（2）案例说明

本案例主要用图层样式来处理图片，同时应用套索工具选取图像，并熟练地掌握裁剪和复制的快捷键，同时掌握自由变换命令。

案例12-4 制作素描画

（1）操作步骤（见光盘）

① 打开案例 12-4 素材人物图片，如图 12-7 所示。

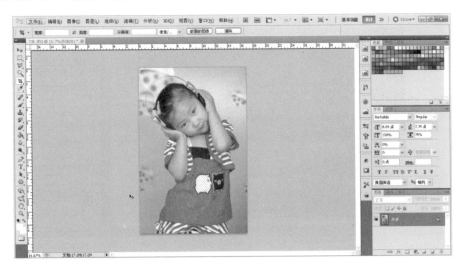

图 12-7

② 点击"图像"→"调整"→"去色"。

③ 点击"图像"→"调整"→"反相命令"，设定图层样式为颜色减淡。

④ 使用"滤镜"→"模糊"→"高斯模糊"滤镜。

⑤ 设定模糊的半径。

⑥ 最终效果如图 12-8 所示。

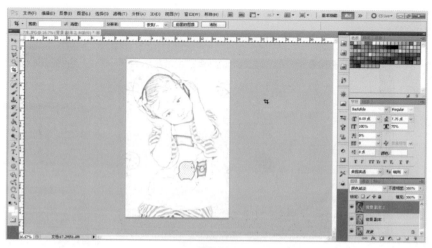

图 12-8

（2）案例说明

本案例主要是应用Photoshop中的"滤镜"中的"高斯模糊"和"图像"中的"反相"命令来制作素描画。可以看出Photoshop中滤镜的强大功能，应多加练习，相信能制作出更多的优秀图片。

（1）操作步骤（见光盘）

① 打开实例12-5素材风景图片，如图12-9所示。

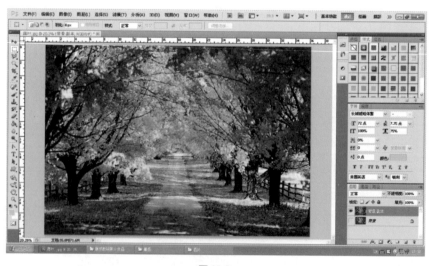

图 12-9

② 打开"滤镜"→"艺术效果"→"干画笔"命令。

③ 点击"滤镜"→"素描"→"水彩画纸"。

④ 增加其外框效果，使用图层混合样式。

⑤ 调整其大小。

⑥ 加入等高线、纹理等效果。

⑦ 勾选颜色叠加。

⑧ 勾选内发光。

⑨ 最终效果如图12-10所示。

图 12-10

（2）案例说明

本案例主要应用滤镜中的诸多艺术效果以及图层混合样式中的内发光、阴影、浮雕样式等命令来处理图片。图层混合样式的命令在处理效果中常常用到，可多加操作，熟练掌握。

案例12-6 下雨的城市

（1）操作步骤（见光盘）

① 在Photoshop中打开案例12-6素材的夜景图片，如图12-11所示。

图 12-11

② 为其添加渐变映射命令。

③ 新建图层1，并填充黑色，执行"滤镜"→"像素化"→"点状化"命令。

④ 执行"图像"→"调整"→"阈值",调整其数值。

⑤ 设置图层样式为滤色。

⑥ 执行"滤镜"→"模糊"→"动感模糊",调整其参数。

⑦ 加入锐化命令,调整图像曲线。

⑧ 增加蒙版效果,并用画笔涂抹,最终效果如图12-12所示。

图12-12

(2)案例说明

本案例为风景图片的效果处理,主要用滤镜中的模糊、锐化、像素化等命令,以及蒙版的简单应用,制作下雨天的风景效果。

案例12-7 制作个性照片

(1)操作步骤(见光盘)

① 首先,新建文件,大小如图12-13所示,并打开素材文件(案例12-7素材1)。

图12-13

② 在通道中新建蓝色通道副本。调整色阶，点取画笔工具，用黑颜色在画面上涂抹。

③ 抠出图像后新建灰色背景图层。

④ 加入案例12-7素材2文件，如图12-14所示。

图 12-14

⑤ 新建文字图层，并调整大小。

⑥ 调入卡通图层并调整，最终效果如图12-15所示。

图 12-15

（2）案例说明

本案例主要利用蒙版和通道来进行图像的抠图处理，这是处理图片常用的功能，也是最为实用的功能之一，所以应勤加练习，熟练掌握。

案例12-8 制作室外广告

（1）操作步骤（见光盘）

① 新建文件，尺寸如图12-16所示。

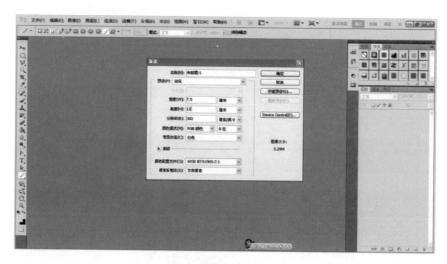

图12-16

② 用渐变工具填充画面。

③ 添加色彩变化，新建图层，用钢笔工具建立路径，并用渐变填充。

④ 调入新的背景图层（案例12-8素材山脉），调整色彩，调整色阶，如图12-17所示。

图12-17

⑤ 建立新图层，并蒙版渐变填充。

⑥ 同样方法制作新图层副本，并进一步调整图层样式。

⑦ 调入新素材图层（案例12-8素材酒杯），蒙版后用画笔工具整齐涂抹，如图12-18所示。

⑧ 加入新素材（案例12-8素材城市夜景），并蒙版，如图12-19所示。

⑨ 加入新素材放置画面底部调整色彩并改变图层样式，用【Ctrl】＋【Alt】＋【Shift】＋【E】盖印图层。

⑩ 用钢笔工具建立路径，制作高光，调整合适大小。

⑪ 加入滤镜中的光晕效果，调整整体色调，加入文字，最终效果如图12-20所示。

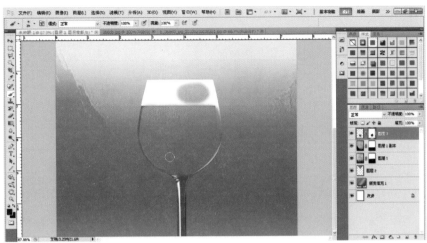

图 12-18

图 12-19

图 12-20

（2）案例说明

此案例为室外广告的制作，主要应用图层和蒙版来制作，制作过程中大量地应用了渐变命令以及图像的调整、图色调的处理等，同时还用了图像的印章命令，这也是常用的命令之一，最后加入字体，充分显示出主题的大气和气势。

案例 12-9　日历的制作

（1）操作步骤（见光盘）

① 在软件中新建图像，参数如图 12-21，并打开要加入的案例 12-9 素材 1 背景图像。使用调整工具反转图像。

图 12-21

② 新建图层制作标签纸，调整该图层的混合样式，加入投影。

③ 复制多个并调整其形态大小。

④ 加入蝴蝶素材点缀。

⑤ 用形状工具加入小点缀。

⑥ 调整素材大小位置，最终效果如图 12-22 所示。

图 12-22

（2）案例说明

本案例为综合案例，主要使用的工具包括图层的混合样式——阴影，图像的水平反转，以及形状工具的实际运用。

（1）操作步骤（见光盘）

① 新建文件，参数如图12-23所示。

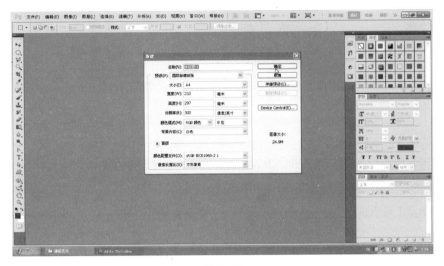

图12-23

② 加入背景图片1，如图12-24所示。

图12-24

③ 添加图层蒙版，并在蒙版上执行"滤镜"→"渲染"→"云彩"命令。

④ 使用白色画笔进行涂抹制作时隐时现的云彩效果。

⑤ 加入新的背景文件并调整其位置和透视，如图12-25所示。

图 12-25

⑥ 调整其图像的色彩蒙版。

⑦ 加入人物图片1，调整阈值变化，并在混合样式中按住【Alt】键将"颜色混合带"区域中"本图层"选项中的白色小三角拖动，隐藏图像中的白色区域。

⑧ 使用印章工具后执行"滤镜"→"渲染"→"光照效果"命令，并加入蒙版后用画笔涂抹隐藏右下角的图像。

⑨ 同样方法处理人物图片2。

⑩ 最后效果如图12-26所示。

图 12-26

（2）案例说明

在本实例中，运用自由变换命令变形墙壁图像，运用"阈值"调整命令与图层样式制作黑白对比强烈的人物图像。然后运用各种调整图层调整图像，使画面色调更加统一。

（1）操作步骤（见光盘）

① 新建文件，大小如图12-27所示。

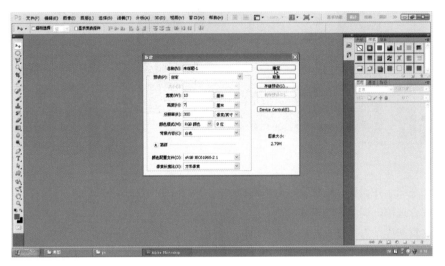

图12-27

② 调入木纹图片并调整其大小位置，如图12-28所示。

图12-28

③ 调整色彩参数。

④ 选择白色背景图层，新建通道1。

⑤ 调整色阶，添加光照滤镜效果。

⑥ 绘制路径选区，调整后显示木板图层蒙版。

⑦ 调整图层混合选项，调整色彩，制作出仿旧的效果。

⑧ 加入背景图片（案例12-11素材），加入滤镜效果中的渲染命令下的光照效果，在样式中点击交叉光，如图12-29所示。

图 12-29

⑨ 建立文字图层并调整合适位置，全部选择后，用油漆桶点击文字区域。

⑩ 加入混合选项，调整图层模式。

⑪ 加入素材图层，点击选取，选择命令中的"修改"→"收缩"调整。

⑫ 建立圆形选区，制作螺母，调整混合样式。

⑬ 最终效果如图 12-30 所示。

图 12-30

（2）案例说明

本案例也是综合案例，主要运用图层蒙版、各种图层调整样式以及"光照效果"滤镜表现出真实自然的铁锈纹理。

参 考 文 献

[1] 王鹏，解神恩. Photoshop CS 中文版实用教程. 北京：中国水利水电出版社，2005.

[2] 韩联. Photoshop 7 图形图像处理实训教程. 北京：海洋出版社，2004.

[3] 成昊. 新概念中文 Photoshop 7.0 教程. 北京：北京科海电子出版社，2003.

[4] 李建宏. Photoshop CS3 平面设计标准教程. 北京：机械工业出版社，2010.

[5] 锐艺视觉. Photoshop CS3 核心功能与特效应用. 北京：中国青年出版社，2008.

[6] 思维数码. Photoshop CS4 从入门到精通. 北京：科学出版社，2009.

[7] 梵绅科技. 新手学 Photoshop CS3 图像处理与应用. 北京：北京科海电子出版社，2009.

[8] 锐艺视觉. Photoshop 特效设计经典 228 例. 北京：中国青年出版社，2010.